CDD-616.99449 Ceccom, Francisco Carlos

Além da Esperança: Uma Jornada Global contra o Câncer de Mama

Independently published, 1. ed. - Ouro Fino, Edição Independente, 2024.

181p.; 15 x21cm.

Inclui Bibliografia.

ISBN: 978-65-01-03049-4

***

Este livro foi elaborado por Francisco Carlos Ceccon.
Revisão: Francisco Carlos Ceccon
Diagramação: Francisco Carlos Ceccon
Capa: Francisco Carlos Ceccon
Gráfica: Printtore/Porto Alegre-RS (51) 98138-1117
Editora: |Independente/Ouro Fino-MG (35) 99863 -1106

Além da Esperança: Uma Jornada Global contra o Câncer de Mama

Prefácio

Você tem em suas mãos um livro abrangente, que se propõe a ser uma fonte inestimável de conhecimento, esperança e orientação para pacientes, familiares, profissionais de saúde e pesquisadores. A jornada através das páginas a seguir é uma exploração profunda de todos os aspectos relacionados ao câncer de mama, desde seu histórico até as mais recentes inovações em tratamentos e políticas públicas globais.

O câncer de mama, uma das formas mais antigas de câncer conhecidas pela humanidade, tem sido documentado e estudado ao longo de séculos. Desde os primeiros registros em papiros egípcios até os avanços científicos contemporâneos, a compreensão desta doença evoluiu de concepções místicas para uma abordagem baseada em evidências científicas. Este livro inicia com um olhar histórico, traçando a evolução do entendimento e da abordagem ao câncer de mama ao longo dos tempos.

Avançando, mergulhamos nos diversos tipos de câncer de mama, destacando a importância do diagnóstico preciso para a escolha do tratamento mais eficaz. A complexidade desta doença exige uma compreensão detalhada de suas várias formas, cada uma com suas características, prognósticos e abordagens terapêuticas específicas.

A detecção precoce é, sem dúvida, um dos pilares mais críticos na luta contra o câncer de mama. Discutiremos as técnicas e tecnologias atuais que permitem o diagnóstico em estágios iniciais, aumentando significativamente as chances de sucesso no tratamento. A importância das campanhas de conscientização e dos programas de rastreamento não pode ser subestimada, sendo fundamentais para a redução da mortalidade associada a esta doença.

No coração deste livro, exploramos os tratamentos modernos e suas bases científicas, desde a cirurgia e radioterapia até as terapias alvo e imunoterapias, que representam a vanguarda no combate ao câncer de mama. A personalização do tratamento, baseada em características genéticas e moleculares dos tumores, ilustra o progresso impressionante que temos feito em direção a abordagens mais eficazes e menos invasivas.

As políticas públicas globais desempenham um papel crucial na luta contra o câncer de mama, influenciando a pesquisa, o financiamento, o acesso ao tratamento e a educação. Este livro oferece uma visão global, examinando como diferentes países e organizações internacionais estão enfrentando os desafios impostos pelo câncer de mama, com ênfase nas iniciativas que visam reduzir as disparidades no acesso aos cuidados de saúde.

As estatísticas sobre o câncer de mama fornecem um panorama da incidência, prevalência, sobrevivência e mortalidade, refletindo tanto os sucessos quanto os desafios persistentes. Esses dados não apenas iluminam o caminho percorrido, mas também guiam as estratégias futuras na pesquisa e no tratamento.

Por fim, olhamos para o futuro do câncer de mama, contemplando as promessas de novas descobertas científicas, tecnologias emergentes e uma era de tratamentos ainda mais personalizados e eficazes. A integração da inteligência artificial, a genômica e as terapias inovadoras apontam para um horizonte de esperança e cura.

Este livro é um testemunho da jornada coletiva de pacientes, médicos, pesquisadores e sociedade na luta contra o câncer de mama. É um convite à esperança, ao conhecimento e à ação, reforçando a nossa determinação inabalável de vencer esta doença. Que as páginas a seguir inspirem, informem e mobilizem todos nós na busca contínua por um futuro sem câncer de mama.

Além da Esperança: Uma Jornada Global contra o Câncer de Mama

Sumário

Além da Esperança: Uma Jornada Global contra o Câncer de Mama

Parte I:
As Origens do Câncer de Mama

Capítulo 1: Os Primeiros Relatos

1.1 Evidências na Antiguidade

O câncer de mama tem sido uma enfermidade presente na história da história da civilização humana desde os tempos mais remotos. As primeiras evidências conhecidas datam de milhares de anos atrás, com descrições encontradas em papiros médicos do Antigo Egito. O Papiro Edwin Smith, um dos mais antigos textos médicos conhecidos, datado de aproximadamente 1600 a.C., contém descrições de tumores ou úlceras no peito que foram cauterizados com uma ferramenta chamada "instrumento de fogo". Embora não se possa afirmar com certeza que essas lesões eram câncer de mama, elas demonstram que os antigos egípcios já lidavam com doenças que afetavam a região do peito.

Na Grécia Antiga, o termo "câncer" foi cunhado por Hipócrates (460-370 a.C.), conhecido como o "Pai da Medicina". Ele usou a palavra grega "karkinos", que significa caranguejo, para descrever tumores com veias que se irradiavam a partir do centro, semelhantes às pernas de um caranguejo. Hipócrates também descreveu vários casos de tumores no peito, embora não tenha feito uma distinção clara entre tumores benignos e malignos. Ele acreditava que o desequilíbrio dos fluidos corporais, conhecidos como "humores", era a causa subjacente do câncer.

1.2 Descrições na Idade Média

Durante a Idade Média, o conhecimento médico sobre o câncer de mama avançou lentamente. Os médicos da época baseavam-se principalmente nas teorias de **Galeno** * (129-216 d.C.), um médico romano que expandiu as ideias de Hipócrates sobre os humores corporais. Galeno acreditava que o câncer era causado por um excesso de bile negra, um dos quatro humores. Ele também introduziu a teoria de que o câncer poderia se espalhar para outras partes do corpo através do sangue, uma ideia precursora do conceito de metástase.

- ***Galeno**, uma figura proeminente na história da medicina, baseou suas teorias médicas no conceito dos quatro humores, que acreditava serem fundamentais para a saúde e a doença. Segundo essa teoria, um equilíbrio adequado entre esses humores era essencial para a saúde, enquanto o desequilíbrio poderia levar a doenças. Os quatro humores descritos por Galeno :

Sangue: Associado à primavera e ao ar, o sangue era considerado o humor responsável pela coragem, a esperança e o amor. Acreditava-se que era produzido no fígado e associado ao elemento ar. Um excesso desse humor poderia resultar em uma personalidade sanguínea, caracterizada por um temperamento otimista e alegre.

Fleuma (ou catarro): Ligado ao inverno e à água, a fleuma era associada à calma, à paciência e à compaixão. Pensava-se que era produzida no cérebro e nos pulmões e estava relacionada ao elemento água. Um excesso desse humor poderia levar a uma personalidade fleumática, marcada pela calma e pela passividade.

Bile amarela (ou cólera): Associada ao verão e ao fogo, a bile amarela era vista como o humor que influenciava o temperamento para a ira, a violência e a inveja. Acreditava-se que era produzida pela vesícula biliar e estava relacionada ao elemento fogo. Um excesso desse humor poderia resultar em uma personalidade colérica, caracterizada por um temperamento agressivo e irritável.

Bile negra: Vinculada ao outono e à terra, a bile negra era o humor que Galeno acreditava estar associado à melancolia, à depressão e ao pessimismo. Pensava-se que era produzida no baço e estava relacionada ao elemento terra. Um excesso desse humor poderia levar a uma personalidade melancólica, marcada pela tristeza e pela introspecção.

Galeno acreditava que o equilíbrio desses humores poderia ser mantido ou restaurado através de diversas práticas, incluindo dieta, exercícios, sangrias e o uso de certas substâncias.

Essa teoria dos humores dominou a medicina ocidental por muitos séculos, influenciando as práticas médicas até o surgimento de abordagens mais modernas baseadas na ciência empírica.

No mundo islâmico, **Avicena***, um proeminente médico e filósofo persa, descreveu o câncer de mama em seu famoso tratado médico **"O Cânone da Medicina"**. Ele observou a relação entre a menstruação e o desenvolvimento de tumores mamários e sugeriu que a cessação da menstruação poderia contribuir para o crescimento desses tumores. Avicena também propôs métodos cirúrgicos para a remoção de tumores, bem como o uso de cauterização e medicamentos para tratar a doença.

-***Avicena**, também conhecido como Ibn Sina, foi um médico, filósofo e cientista persa que viveu entre 980 e 1037. Ele é considerado um dos mais importantes médicos da história e seu tratado médico "O Cânone da Medicina" foi uma das obras médicas mais influentes por vários séculos.

No Cânone da Medicina, Avicena dedicou uma seção para discutir o câncer de mama. Alguns dos principais pontos que ele abordou sobre essa condição incluem:

Descrição: Avicena descreveu o câncer de mama como um tumor duro, irregular, de crescimento progressivo, que pode ulcerar e apresentar secreção sanguinolenta. Ele notou que o tumor pode se espalhar para outras partes do corpo.

Etiologia: Ele atribuiu a causa do câncer de mama a um desequilíbrio dos humores (teoria humoral), especialmente a bile negra. Também sugeriu que fatores como trauma, menstruação irregular e amamentação inadequada poderiam contribuir para o desenvolvimento da doença.

Diagnóstico: Avicena enfatizou a importância do exame físico para diagnosticar o câncer de mama, incluindo a palpação do tumor e a avaliação de sua consistência, tamanho e mobilidade.

Tratamento: As opções de tratamento discutidas por Avicena incluíam intervenção cirúrgica para remover o tumor, cauterização e uso de medicamentos tópicos e sistêmicos. Ele recomendava a remoção completa do tumor, juntamente com tecidos adjacentes, para evitar a recorrência.

Prognóstico: Avicena reconheceu que o câncer de mama era uma condição grave e potencialmente fatal. Ele observou que tumores menores, móveis e não ulcerados tinham um prognóstico melhor em comparação com tumores maiores, fixos e ulcerados.

Embora muitas das ideias de Avicena sobre o câncer de mama tenham sido baseadas na teoria humoral e no conhecimento médico limitado da época, suas observações clínicas detalhadas e abordagem sistemática ao diagnóstico e tratamento foram notáveis. O Cânone da Medicina serviu como um importante recurso médico por séculos e influenciou significativamente a compreensão e o manejo do câncer de mama na medicina medieval islâmica e europeia.

- Descrevo aqui o que temos de conhecimento atualmente, para que você leitor possa tirar suas conclusões da importância dos trabalhos de **Galeno** e **Avicena**. Lembrando que existem tipos de Câncer de Mama, que são alimentados pelos hormônios Estrogênio e Progesterona.

-* Durante o ciclo menstrual, os níveis dos hormônios estrogênio e progesterona flutuam significativamente, e essas mudanças são cruciais para regular o ciclo. A descrição a seguir oferece uma visão geral simplificada dessas flutuações ao longo das fases do ciclo menstrual:

Fase Folicular (Início do ciclo até a ovulação)

- **Estrogênio**: No início do ciclo menstrual, durante a fase folicular, os níveis de estrogênio começam baixos e aumentam progressivamente. Esse aumento do estrogênio é crucial para o espessamento do revestimento uterino (endométrio) e para estimular a maturação de um óvulo no ovário.
- **Progesterona**: Os níveis de progesterona são inicialmente

baixos durante a fase folicular. A progesterona permanece em níveis baixos até após a ovulação.

Ovulação

- **Estrogênio**: Justamente antes da ovulação, os níveis de estrogênio atingem seu pico, o que desencadeia a liberação de um óvulo maduro do ovário.
- **Progesterona**: Os níveis de progesterona começam a aumentar após a ovulação, preparando o revestimento uterino para uma possível gravidez.

Fase Lútea (Após a ovulação até o início da menstruação)

- **Estrogênio**: Após o pico na ovulação, os níveis de estrogênio diminuem ligeiramente e depois aumentam novamente, mas não alcançam os níveis tão altos quanto no pico da ovulação.
- **Progesterona**: Os níveis de progesterona aumentam significativamente durante a fase lútea, atingindo seu pico. Esse aumento é crucial para manter o revestimento uterino espesso e preparado para uma possível implantação do óvulo fertilizado.

Menstruação

- **Estrogênio e Progesterona**: Se a gravidez não ocorrer, tanto o estrogênio quanto a progesterona diminuem acentuadamente, levando à descamação do revestimento uterino e ao início da menstruação. Assim, durante o período menstrual, os níveis desses hormônios estão em declínio.

Em resumo, durante o período menstrual, os níveis de estrogênio e progesterona diminuem, marcando o início de um novo ciclo menstrual. Essas flutuações hormonais são essenciais para o funcionamento normal do ciclo menstrual e para a preparação do corpo para uma possível gravidez.

1.3 Avanços no Renascimento

O Renascimento trouxe uma nova era de investigação científica e avanços médicos. Andreas Vesalius (1514-1564), um anatomista flamengo, revolucionou a compreensão da anatomia humana com seu livro "De Humani Corporis Fabrica". Suas detalhadas ilustrações anatômicas permitiram uma melhor compreensão da estrutura da mama e dos tecidos circundantes.

Ambroise Paré (1510-1590), um cirurgião francês, foi um dos primeiros a sugerir que o câncer de mama poderia ser tratado por meio de cirurgia. Ele desenvolveu técnicas para a remoção de tumores mamários e enfatizou a importância de remover todo o tecido afetado para evitar a recorrência. No entanto, as cirurgias da época eram realizadas sem anestesia e frequentemente resultavam em infecção e morte.

No final do século 18, o médico escocês **John Hunter** (1728-1793) propôs a teoria de que alguns cânceres poderiam ser curados por cirurgia se ainda estivessem localizados. Ele também sugeriu que o câncer poderia se espalhar através do sistema linfático, uma ideia que foi posteriormente confirmada.

Capítulo 2: Compreendendo a Biologia do Câncer de Mama

2.1 O Que é Câncer?

O câncer é uma doença caracterizada pelo crescimento e proliferação anormal de células. Normalmente, as células do corpo seguem um processo ordenado de crescimento, divisão e morte. No entanto, as células cancerosas perdem esse controle e continuam a se dividir e crescer de maneira desordenada, formando tumores.

As células cancerosas surgem a partir de mutações no DNA, o material genético que contém as instruções para todas as funções celulares. Essas mutações podem ser causadas por fatores externos, como radiação, produtos químicos e vírus, ou por erros aleatórios durante a replicação do DNA. Quando ocorrem mutações em genes que controlam o crescimento e a divisão celular, as células podem se tornar cancerosas.

Uma característica fundamental das células cancerosas é

sua capacidade de invadir e se espalhar para outros tecidos e órgãos do corpo, um processo conhecido como metástase. As células cancerosas podem se desprender do tumor original, entrar na corrente sanguínea ou no sistema linfático e estabelecer novos tumores em locais distantes.

2.2 Como Surge o Câncer de Mama?

O câncer de mama se desenvolve a partir das células dos ductos ou lóbulos da mama. Os ductos são os tubos que transportam o leite dos lóbulos para o mamilo, enquanto os lóbulos são as glândulas que produzem o leite. A maioria dos cânceres de mama começa nas células que revestem os ductos (carcinomas ductais) ou nos lóbulos (carcinomas lobulares).

O desenvolvimento do câncer de mama é um processo de várias etapas que geralmente leva anos para ocorrer. Começa com alterações no DNA das células mamárias, levando a um crescimento anormal. Essas células anormais podem formar uma massa ou tumor, que pode ser benigno (não canceroso) ou maligno (canceroso).

Vários fatores de risco estão associados ao desenvolvimento do câncer de mama, incluindo idade avançada, histórico familiar de câncer de mama, exposição ao estrogênio (hormônio feminino), obesidade, consumo de álcool e mutações genéticas herdadas, como nos genes BRCA1 e BRCA2. (O excesso de estrogênio e os baixos índices de progesterona no organismo causam a predominância estrogênica. Se isso ocorre, a mulher fica mais predisposta ao câncer de mama e de endométrio, adenomiose, fibroma uterino, miomas, nódulos, trombose.)

2.3 Tipos de Câncer de Mama

Existem vários tipos de câncer de mama, classificados com base na localização onde o câncer começa e nas características das células cancerosas. Os principais tipos incluem:

Carcinoma ductal in situ (CDIS): É um câncer de mama não invasivo, o que significa que as células cancerosas estão confinadas aos ductos mamários e não se espalharam para o tecido circundante. O CDIS é considerado um estágio inicial do câncer de mama.

Carcinoma ductal invasivo (CDI): É o tipo mais comum de câncer de mama, representando cerca de 80% de todos os casos. Nesse tipo, as células cancerosas se originam nos ductos e invadem o tecido mamário circundante. O CDI pode se espalhar para os linfonodos e outras partes do corpo.

Carcinoma lobular invasivo (CLI): Esse tipo de câncer de mama começa nos lóbulos e pode se espalhar para o tecido mamário circundante. O CLI é menos comum que o CDI, representando cerca de 10% a 15% dos casos de câncer de mama.

Câncer de mama inflamatório: É um tipo raro e agressivo de câncer de mama que se caracteriza por vermelhidão, inchaço e sensação de calor na mama. As células cancerosas bloqueiam os vasos linfáticos na pele, causando esses sintomas.

Doença de Paget do mamilo: É um tipo raro de câncer de mama que afeta o mamilo e a aréola (a área escura ao redor do mamilo). Geralmente está associado a um carcinoma ductal in situ ou invasivo subjacente.

Além desses tipos principais, existem subtipos de câncer de mama baseados nas características moleculares das células cancerosas, como a presença ou ausência de receptores hormonais (receptores de estrogênio e progesterona) e a expressão do receptor HER2. Esses subtipos, que incluem câncer de mama luminal A, luminal B, HER2-positivo e triplo-negativo.

*Câncer de Mama no homem

O câncer de mama em homens é um tema que frequentemente fica à sombra do seu equivalente feminino, tanto em termos de conscientização pública quanto de pesquisa médica. No entanto, é um problema de saúde significativo e potencialmente letal que merece atenção e compreensão. Embora represente menos de 1% de todos os casos de câncer de mama, sua existência desafia o estigma de que o câncer de mama é exclusivamente uma doença feminina e destaca a necessidade de maior conscientização e detecção precoce.

Desmistificando o Câncer de Mama Masculino

O câncer de mama masculino ocorre no tecido mamário de homens, que, embora geralmente menor e menos desenvolvido do que o das mulheres, ainda está sujeito ao desenvolvimento de câncer. Os sintomas podem incluir nódulos ou espessamento no tecido mamário, alterações na pele sobre o peito, como enrugamento ou retração, e secreção pelo mamilo. Devido à falta de conscientização, muitos homens demoram a reconhecer os sintomas ou hesitam em procurar ajuda médica, o que pode levar a diagnósticos em estágios mais avançados da doença.

Fatores de Risco

Os fatores de risco para o câncer de mama masculino incluem idade avançada, histórico familiar de câncer de mama, mutações genéticas (como as encontradas nos genes BRCA1 e BRCA2), exposição a radiação, níveis elevados de estrogênio e estilo de vida, incluindo consumo excessivo de álcool e obesidade. A compreensão desses fatores é crucial para a prevenção e detecção precoce.

O Desafio do Diagnóstico

O diagnóstico precoce é fundamental para um prognóstico favorável, mas o estigma e a falta de conscientização representam barreiras significativas. Muitos homens não estão cientes de que podem desenvolver câncer de mama e podem ignorar os sintomas iniciais ou atribuí-los a outras causas menos graves. Além disso, pode haver hesitação em discutir esses sintomas com profissionais de saúde devido ao medo ou vergonha, atrasando ainda mais o diagnóstico e o tratamento.

Tratamento e Suporte

O tratamento do câncer de mama masculino geralmente segue protocolos semelhantes aos usados para mulheres, incluindo cirurgia para remover o tecido afetado, quimioterapia, radioterapia e terapia hormonal. No entanto, a experiência do tratamento pode ser isoladora para muitos homens, que podem se encontrar como os únicos pacientes masculinos em clínicas de câncer de mama ou grupos de apoio. A criação de redes de apoio específicas para homens com câncer de mama é vital para fornecer o suporte emocional e prático necessário durante o tratamento e a recuperação.

Um Chamado à Ação

É imperativo aumentar a conscientização sobre o câncer de mama masculino e desafiar os estigmas associados a ele. Campanhas de saúde pública, profissionais de saúde e organizações de apoio ao câncer devem trabalhar juntos para promover a educação sobre os sinais e sintomas do câncer de mama em homens, encorajando-os a procurar avaliação médica para quaisquer alterações suspeitas. Além disso, a pesquisa médica precisa continuar a explorar as particularidades do câncer de mama masculino para melhorar as estratégias de tratamento e os resultados para os pacientes.

O câncer de mama masculino é um lembrete de que o câncer não discrimina - e nem a nossa resposta a ele deve. Ao enfrentar esse desafio com educação, compaixão e ação, podemos melhorar a detecção precoce, o tratamento e o suporte para todos os afetados por essa doença.

Parte II:
Diagnóstico e Detecção Precoce

Capítulo 3: A Importância da Descoberta Precoce

A detecção precoce do câncer de mama é fundamental para aumentar as chances de sucesso no tratamento e melhorar o prognóstico das pacientes. Quando o câncer de mama é diagnosticado em estágios iniciais, antes de se espalhar para outras partes do corpo, as opções de tratamento são geralmente mais eficazes e menos invasivas. Além disso, a descoberta precoce pode levar a uma maior taxa de sobrevivência e qualidade de vida para as mulheres afetadas.

3.1 Sinais e Sintomas

Conhecer os sinais e sintomas do câncer de mama é essencial para a detecção precoce. Embora a maioria dos cânceres de mama seja descoberta por exames de rastreamento, como a mamografia, algumas mulheres podem notar alterações em suas mamas que as levam a procurar atendimento médico. Alguns dos sinais e sintomas mais comuns do câncer de mama incluem:

Nódulo ou espessamento na mama ou na axila: A presença de um nódulo ou área endurecida na mama ou na axila pode ser um sinal de câncer de mama. Esses nódulos geralmente são indolores, embora algumas mulheres possam sentir desconforto ou dor.

Alterações na pele da mama: Mudanças na aparência da pele da mama, como enrugamento, ondulações, inchaço, vermelhidão ou descamação, podem ser sinais de câncer de mama, especialmente do tipo inflamatório.

Alterações no mamilo: Retração do mamilo (mamilo invertido), descamação ou secreção incomum do mamilo (especialmente se for sanguinolenta) podem indicar a presença de câncer de mama.

Alterações no tamanho ou forma da mama: Inchaço de toda ou parte da mama, mesmo sem a presença de um nódulo palpável, pode ser um sinal de câncer de mama.

Dor na mama: Embora a dor na mama seja mais comumente associada a condições benignas, como alterações hormonais ou cistos, em alguns casos, pode ser um sintoma de câncer de mama.

É importante ressaltar que esses sinais e sintomas não são exclusivos do câncer de mama e podem estar relacionados a outras condições benignas. No entanto, qualquer alteração persistente nas mamas deve ser avaliada por um médico para um diagnóstico adequado.

3.2 Autoexame das Mamas

O autoexame das mamas é uma técnica que as mulheres podem usar para se familiarizar com a aparência e a sensação normais de suas mamas, permitindo que identifiquem quaisquer alterações potencialmente suspeitas. Embora o autoexame das mamas não seja mais recomendado como uma estratégia de rastreamento isolada, ele pode ser uma ferramenta útil para aumentar a conscientização sobre a saúde das mamas.

Para realizar o autoexame das mamas, as mulheres devem seguir estas etapas:

Observação visual: De pé em frente a um espelho, com os braços ao lado do corpo e depois levantados acima da cabeça, observe qualquer alteração na aparência das mamas, como assimetria, inchaço, enrugamento da pele ou retração do mamilo.

Palpação deitada: Deite-se com um travesseiro sob o ombro direito e coloque a mão direita atrás da cabeça. Com a mão esquerda, palpe suavemente a mama direita em movimentos circulares, cobrindo toda a superfície da mama e a área da axila. Repita o processo na mama esquerda.

Palpação em pé ou sentada: Levante o braço direito e, com a mão esquerda, palpe a mama direita como descrito anteriormente. Repita na mama esquerda.

É recomendado que as mulheres realizem o autoexame das mamas mensalmente, idealmente alguns dias após o término da menstruação, quando as mamas estão menos sensíveis. Qualquer alteração persistente deve ser relatada a um médico.

Capítulo 4: Exames de Rastreamento

Os exames de rastreamento são testes realizados em mulheres assintomáticas para detectar o câncer de mama em estágios iniciais, antes que os sintomas se desenvolvam. Esses exames desempenham um papel crucial na detecção precoce e na redução da mortalidade por câncer de mama. Os principais exames de rastreamento para o câncer de mama são a mamografia, a ultrassonografia e a ressonância magnética.

4.1 Mamografia

A mamografia é o exame de rastreamento primário para o câncer de mama. É uma radiografia de baixa dose que permite a visualização detalhada do tecido mamário. A mamografia pode detectar tumores pequenos e alterações no tecido mamário antes que sejam palpáveis durante um exame físico.

Durante uma mamografia, a mama é comprimida entre duas placas de plástico para espalhar uniformemente o tecido mamário, permitindo uma imagem mais clara e reduzindo a dose de radiação necessária. Geralmente, são obtidas duas imagens de cada mama, uma de cima para baixo (projeção craniocaudal) e outra de lado (projeção mediolateral oblíqua).

A mamografia digital, uma técnica mais avançada, usa um detector eletrônico para capturar e exibir imagens no computador, em vez de usar filme. Essa técnica permite ajustes de contraste e ampliação, facilitando a identificação de anormalidades.

As diretrizes para o rastreamento mamográfico variam

ligeiramente entre as organizações de saúde, mas, em geral, recomendam:

- **Mulheres entre 50 e 74 anos**: mamografia a cada dois anos.
- **Mulheres entre 40 e 49 anos**: decisão individualizada com base nos fatores de risco e preferências pessoais.
- **Mulheres com alto risco de câncer de mama (por exemplo, devido a mutações genéticas ou histórico familiar)**: podem exigir rastreamento mais frequente e início precoce, com base nas recomendações médicas.

4.2 Ultrassonografia

A ultrassonografia das mamas utiliza ondas sonoras de alta frequência para criar imagens do tecido mamário. É um exame complementar à mamografia, especialmente útil para avaliar nódulos palpáveis e distinguir entre cistos (estruturas preenchidas com líquido) e massas sólidas.

A ultrassonografia é particularmente valiosa para mulheres com mamas densas, nas quais a mamografia pode ter dificuldade em detectar anormalidades. Além disso, é o exame de escolha para mulheres jovens (geralmente com menos de 30 anos) que apresentam sintomas mamários, uma vez que suas mamas tendem a ser mais densas e a exposição à radiação da mamografia deve ser minimizada.

Durante uma ultrassonografia das mamas, um transdutor é movido sobre a pele da mama, transmitindo ondas sonoras que ecoam de volta, criando uma imagem em tempo real no monitor do computador. O exame é indolor e não envolve radiação ionizante.

4.3 Ressonância Magnética

A ressonância magnética (RM) das mamas é um exame de imagem avançado que usa campos magnéticos potentes e ondas de rádio para criar imagens detalhadas do tecido mamário. Não envolve radiação ionizante e pode fornecer informações adicionais não aparentes na mamografia ou na ultrassonografia.

A RM das mamas é recomendada como um exame de rastreamento complementar para mulheres com alto risco de câncer de mama, como aquelas com mutações nos genes ***BRCA1** ou ***BRCA2**, histórico familiar significativo de câncer de mama ou histórico pessoal de radioterapia no tórax (por exemplo, para linfoma de Hodgkin) antes dos 30 anos de idade.

Durante uma RM das mamas, a paciente deita-se de bruços em uma mesa que se move para dentro do aparelho de RM. Um contraste intravenoso (gadolínio) é geralmente administrado para ajudar a identificar áreas suspeitas. O exame pode ser desconfortável devido à posição e ao ruído alto da máquina, mas é indolor e geralmente leva cerca de 30 a 40 minutos.

** Os genes **BRCA1** e **BRCA2** são genes humanos que produzem proteínas responsáveis pela reparação do DNA. Quando esses genes funcionam corretamente, eles ajudam a garantir a estabilidade do material genético das células e previnem o crescimento descontrolado de células que pode levar ao câncer. No entanto, mutações nesses genes podem comprometer essa função de reparo, aumentando significativamente o risco de desenvolver certos tipos de câncer, principalmente câncer de mama e de ovário.*

***•BRCA1 e BRCA2 no câncer de mama:** Indivíduos que herdam mutações prejudiciais em um dos genes BRCA têm um risco muito maior de desenvolver câncer de mama e de ovário ao longo da vida em comparação com aqueles que não têm tais mutações. Para mulheres, o risco de câncer de mama pode ser de até 70% até os 80 anos de idade, o que é significativamente mais alto do que o risco na população geral, que é de cerca de 12-13%.*

***•Testes genéticos:** Existem testes genéticos disponíveis que podem identificar mutações nesses genes. Esses testes são particularmente recomendados para pessoas com histórico familiar* significativo de câncer de mama ou de ovário.

•**Gerenciamento de risco**: Para aqueles com mutações conhecidas nos genes *BRCA1* ou *BRCA2*, várias estratégias de gerenciamento de risco podem ser consideradas. Estas incluem vigilância aumentada (como mamografias e ressonâncias magnéticas frequentes), medicamentos preventivos (quimioprevenção), e cirurgias preventivas (como mastectomia profilática e remoção dos ovários).

Parte III:
A Evolução do Tratamento

Capítulo 5: Os Primeiros Tratamentos

5.1 Cirurgia: Da Mastectomia Radical à Conservadora

A cirurgia tem sido a base do tratamento do câncer de mama desde os primórdios da medicina moderna. No final do século XIX, o cirurgião americano William Stewart Halsted desenvolveu a mastectomia radical, que se tornou o padrão de tratamento para o câncer de mama por muitas décadas. Esse procedimento envolvia a remoção completa da mama, dos músculos peitorais e dos linfonodos axilares em um esforço para erradicar completamente o câncer. Embora a mastectomia radical fosse eficaz no controle local da doença, era uma cirurgia altamente desfigurante e associada a significativas complicações e morbidade.

Com o avanço do conhecimento sobre a biologia do câncer de mama e a introdução de terapias adjuvantes, como a radioterapia e a quimioterapia, abordagens cirúrgicas mais conservadoras se tornaram possíveis. Na década de 1970, o cirurgião italiano *__Umberto Veronesi__ e o cirurgião americano **Bernard Fisher** conduziram estudos pioneiros que demonstraram que a cirurgia conservadora da mama, também conhecida como tumorectomia ou quadrantectomia, seguida de radioterapia, era tão eficaz quanto a mastectomia radical para mulheres com câncer de mama em estágio inicial. Esses estudos revolucionaram o tratamento do câncer de mama, permitindo que muitas mulheres preservassem suas mamas sem comprometer os resultados oncológicos.

-***Umberto Veronesi** foi um renomado cirurgião italiano, oncologista e pioneiro no tratamento do câncer de mama. Ele desempenhou um papel fundamental no desenvolvimento e promoção da cirurgia conservadora da mama como uma alternativa à mastectomia radical, que era o tratamento padrão para o câncer de mama até a década de 1970.

Veronesi começou a questionar a necessidade de mastectomias radicais extensas na década de 1960. Ele acreditava que cirurgias menos extensas, combinadas com radioterapia, poderiam ser tão eficazes quanto a mastectomia radical no tratamento do câncer de mama, oferecendo melhores resultados estéticos e qualidade de vida para as pacientes.

Em 1973, Veronesi conduziu um estudo clínico randomizado comparando a mastectomia radical com a quadrantectomia (remoção do quadrante da mama afetado pelo tumor) seguida de radioterapia. Os resultados mostraram que a cirurgia conservadora da mama era tão eficaz quanto a mastectomia radical em termos de sobrevida e controle local da doença, com a vantagem de preservar a maior parte da mama.

Este estudo foi um marco na mudança de paradigma no tratamento do câncer de mama, desafiando a abordagem cirúrgica agressiva que havia dominado a prática médica por décadas. O trabalho de Veronesi abriu caminho para a adoção generalizada da cirurgia conservadora da mama, também conhecida como cirurgia poupadora da mama, como uma opção válida para muitas mulheres com câncer de mama em estágios iniciais.

Ao longo de sua carreira, Veronesi continuou a refinar as técnicas de cirurgia conservadora da mama e a promover sua aceitação na comunidade médica internacional. Ele também foi um forte defensor do rastreamento mamográfico para detecção precoce do câncer de mama e do tratamento personalizado com base nas características específicas do tumor.

O legado de Umberto Veronesi na cirurgia conservadora da mama revolucionou o tratamento do câncer de mama, oferecendo às mulheres uma alternativa menos invasiva e mutilante à mastectomia radical, sem comprometer os resultados oncológicos. Sua abordagem centrada na paciente e sua defesa incansável por melhores opções de tratamento tiveram um impacto duradouro na vida de inúmeras mulheres em todo o mundo

Atualmente, a cirurgia conservadora da mama, juntamente com a biópsia do linfonodo sentinela (um procedimento para identificar e remover seletivamente os primeiros linfonodos para os quais o câncer pode se espalhar), é o tratamento cirúrgico preferencial para a maioria das mulheres com câncer de mama em estágio inicial. A mastectomia ainda é recomendada em certas situações, como tumores grandes em relação ao tamanho da mama, múltiplos tumores ou quando a radioterapia é contraindicada.

Cirurgia no Tratamento do Câncer de Mama:

- A cirurgia como tratamento do câncer de mama é considerada uma das principais abordagens no manejo dessa doença, sendo indicada com base em uma série de fatores que visam o melhor resultado para a(o) paciente. A decisão pela cirurgia leva em conta características individuais do tumor, da(o) paciente e da doença em seu estágio de evolução. Aqui estão os principais quesitos necessários para a indicação da cirurgia no tratamento do câncer de mama:

1. Estágios do Câncer

- **Estágios Iniciais (I e II)**: Nestes casos, a cirurgia é frequentemente indicada como tratamento inicial para remover o tumor e tecidos próximos afetados. Pode ser seguida de tratamentos adjuvantes como radioterapia, quimioterapia, hormonioterapia, dependendo da análise do tecido removido e características do tumor.
- **Estágio III (Localmente Avançado)**: Pode-se considerar a cirurgia após tratamentos neoadjuvantes (como quimioterapia ou hormonioterapia) que visam reduzir o tamanho do tumor, tornando a cirurgia possível ou mais eficaz.
- **Estágio IV (Metastático)**: A cirurgia raramente é indicada como tratamento primário, podendo ser considerada em situações específicas para alívio de sintomas.

2. Tipo e Tamanho do Tumor

- **Tumores Pequenos**: A cirurgia conservadora da mama,

como a lumpectomia (retirada do tumor com uma margem de tecido saudável ao redor), é frequentemente possível e preferida para preservar a maior parte do tecido mamário.

- **Tumores Grandes ou Múltiplos em uma única mama**: Pode ser indicada a mastectomia, que é a remoção de toda a mama, especialmente se a lumpectomia não for capaz de remover todo o câncer com margens adequadas.

3. Características Biológicas do Tumor

- A expressão de certos receptores hormonais, o status do HER2 e outros marcadores moleculares podem influenciar a decisão pelo tipo de cirurgia e tratamentos adicionais.

4. Preferências da Paciente

- As preferências pessoais da paciente, após ser devidamente informada sobre os riscos, benefícios e implicações de cada opção, desempenham um papel crucial na decisão pela cirurgia.

5. Condições de Saúde Geral

- Condições que possam afetar a capacidade de recuperação da cirurgia ou que contraindiquem procedimentos específicos são consideradas.

Tipos de Cirurgia

- **Cirurgia Conservadora da Mama (Lumpectomia)**: Remoção do tumor com uma margem de segurança de tecido saudável.
- **Mastectomia**: Remoção de toda a mama. Pode ser total, parcial ou radical, dependendo da extensão da doença.
- **Cirurgia dos Linfonodos**: Avaliação dos linfonodos axilares para verificar a disseminação do câncer.

A decisão pela cirurgia no tratamento do câncer de mama é complexa e altamente individualizada. Envolve uma discussão detalhada entre a paciente e uma equipe multidisciplinar de saúde, considerando todos os fatores mencionados acima para escolher a opção que ofereça o melhor equilíbrio entre eficácia do tratamento e qualidade de vida. A evolução contínua nas técnicas cirúrgicas e nos tratamentos adjuvantes tem permitido abordagens cada vez mais personalizadas e eficazes.

5.2 O Advento da Quimioterapia

A quimioterapia, o uso de medicamentos para destruir as células cancerosas, emergiu como um importante componente do tratamento do câncer de mama na segunda metade do século XX.

Os primeiros agentes quimioterápicos, como o methotrexate, a ciclofosfamida e a fluorouracila (5-FU), foram introduzidos nas décadas de 1950 e 1960. Esses medicamentos, administrados sistemicamente, visavam células que se dividiam rapidamente, uma característica das células cancerosas.

Na década de 1970, a combinação de múltiplos agentes quimioterápicos, conhecida como poliquimioterapia, mostrou-se mais eficaz do que a monoterapia. O esquema CMF (ciclofosfamida, metotrexato e 5-FU) tornou-se um dos primeiros regimes de poliquimioterapia amplamente utilizados para o câncer de mama. Posteriormente, as antraciclinas, como a doxorrubicina e a epirrubicina, foram incorporadas aos regimes quimioterápicos, melhorando ainda mais os resultados.

A quimioterapia pode ser administrada em diferentes momentos em relação à cirurgia. A quimioterapia neoadjuvante é administrada antes da cirurgia para reduzir o tamanho do tumor e permitir uma cirurgia menos extensa. A quimioterapia adjuvante é administrada após a cirurgia para erradicar qualquer célula cancerosa residual e reduzir o risco de recorrência.

Embora a quimioterapia tenha melhorado significativamente os resultados do câncer de mama, ela está associada a efeitos colaterais significativos, como fadiga, náusea, perda de cabelo e supressão da medula óssea. Esforços contínuos têm sido feitos para desenvolver terapias mais direcionadas e menos tóxicas.

Além das Terapias Direcionadas, Imunoterapia e Personalização dos Tratamentos com testes genéticos e moleculares, equipes multidisciplinares da oncologia têm-se dedicado a inúmeros esforços voltados para o suporte, cuidados e amenização dos efeitos colaterais que ocorrem durante os tratamentos dos cânceres de mama.

Suporte e Tratamento dos Efeitos Colaterais

- **Medicamentos para náusea e vômito**: O uso de antieméticos modernos, como ondansetron, granisetron, aprepitant e palonosetron, tem melhorado significativamente o manejo da náusea e do vômito associados à quimioterapia.
- **Proteção capilar**: O uso de toucas de resfriamento durante a quimioterapia pode reduzir o risco de perda de cabelo em alguns pacientes.
- **Agentes estimuladores de colônias**: Medicamentos como filgrastim e pegfilgrastim podem ser usados para prevenir a neutropenia (um tipo de supressão da medula óssea), reduzindo o risco de infecções.

Terapias Complementares e de Suporte

- **Exercícios físicos e reabilitação**: Programas de exercícios adaptados podem ajudar a aliviar a fadiga e melhorar o bem-estar geral.
- **Nutrição adequada**: O acompanhamento com um nutricionista pode ajudar a gerenciar os efeitos colaterais relacionados à alimentação e manter o estado nutricional adequado.

- **Psicoterapia e suporte emocional**: O apoio psicológico é fundamental para lidar com o impacto emocional do diagnóstico e do tratamento do câncer.

O manejo dos efeitos colaterais do tratamento do câncer de mama tem se tornado cada vez mais sofisticado, com uma abordagem multidisciplinar que inclui terapias direcionadas, suporte sintomático avançado, e estratégias de suporte e reabilitação. A personalização do tratamento, baseada em características individuais do tumor e do paciente, representa o futuro na minimização dos efeitos colaterais e na melhoria da qualidade de vida durante e após o tratamento.

5.3 Radioterapia: Avanços e Desafios

A radioterapia, o uso de radiação ionizante para destruir as células cancerosas, tem sido uma modalidade de tratamento essencial para o câncer de mama desde o início do século XX. Inicialmente, a radioterapia era administrada usando fontes de radiação externas, como o rádio ou os raios X de **ortovoltagem***. Esses tratamentos iniciais eram associados a altas doses de radiação para os tecidos normais e efeitos colaterais significativos.

*A Radioterapia Superficial e **Ortovoltagem** é uma modalidade radioterápica, realizada através de raios-X de baixa e média energia, com intuito de tratar lesões malignas e benignas superficiais com excelente reprodutibilidade e precisão.

Avanços tecnológicos, como a introdução dos aceleradores lineares na década de 1950 e o desenvolvimento do planejamento de tratamento computadorizado nas décadas de 1970 e 1980, permitiram a entrega de doses de radiação mais precisas e direcionadas. A radioterapia conformacional tridimensional (3D-CRT) e a radioterapia de intensidade modulada (IMRT) permitem que doses mais altas de radiação sejam direcionadas ao tumor, minimizando a exposição dos tecidos normais circundantes.

A radioterapia desempenha um papel crítico no tratamento do câncer de mama, especialmente após a cirurgia conservadora da mama. Estudos demonstraram que a radioterapia adjuvante reduz significativamente o risco de recorrência local e melhora a sobrevida global em mulheres com câncer de mama em estágio inicial. A radioterapia também pode ser usada para tratar a parede torácica e os linfonodos regionais após a mastectomia em pacientes com alto risco de recorrência.

A radioterapia no tratamento do câncer de mama é um processo sofisticado que envolve o uso de radiação ionizante para destruir células cancerígenas, minimizando ao máximo o dano aos tecidos saudáveis circundantes. Atualmente, a radioterapia é empregada com tecnologias avançadas e técnicas precisas para otimizar os resultados do tratamento e reduzir os efeitos colaterais. O processo geralmente envolve várias etapas, desde o planejamento até a administração do tratamento.

1. Consulta Inicial e Avaliação

O tratamento começa com uma consulta com um oncologista radioterápico, que avalia a condição do paciente, revisa o histórico médico, os resultados de biópsias, exames de imagem e outros tratamentos de câncer realizados, como cirurgia. Essa avaliação ajuda a determinar se a radioterapia é apropriada e qual abordagem será mais eficaz.

2. Planejamento do Tratamento (Simulação)

- **Simulação**: Antes do início da radioterapia, realiza-se uma sessão de simulação para mapear a área a ser tratada. O paciente é posicionado em uma mesa, e imagens detalhadas da área do peito são capturadas usando CT (tomografia computadorizada) ou MRI (ressonância magnética). Essas imagens ajudam a definir precisamente a localização do tumor e dos tecidos circundantes.
- **Marcação**: Podem ser feitas marcações na pele do paciente

para garantir a consistência no posicionamento em cada sessão de tratamento.

- **Planejamento dosimétrico**: Utilizando as imagens adquiridas durante a simulação, o médico e a equipe de física médica desenvolvem um plano de tratamento personalizado. Esse plano determina a dose exata de radiação e como ela será distribuída para maximizar o impacto no tecido cancerígeno enquanto protege os tecidos saudáveis e órgãos próximos.

3. Técnicas de Radioterapia

- **Radioterapia Externa (Teleterapia)**: É a forma mais comum de radioterapia para câncer de mama. Utiliza máquinas como o acelerador linear para direcionar feixes de radiação de fora do corpo para a área afetada. Dentro dessa categoria, técnicas específicas incluem:
- **IMRT (Radioterapia de Intensidade Modulada)**: Permite que a intensidade do feixe de radiação seja ajustada, oferecendo uma distribuição de dose mais precisa e limitando a exposição dos tecidos saudáveis.
- **Radioterapia Conformacional 3D**: Usa imagens tridimensionais para conformar a radiação à forma do tumor, minimizando a exposição dos tecidos saudáveis.
- **Radioterapia Guiada por Imagem (IGRT)**: Incorpora imagens em tempo real durante o tratamento para aumentar a precisão do posicionamento e da entrega da dose.
- **Radioterapia Interna (Braquiterapia)**: Menos comum para câncer de mama, envolve a colocação de material radioativo dentro ou próximo ao tecido canceroso. Para câncer de mama, pode ser usada em casos selecionados, como a braquiterapia de alta taxa de dose (HDR) após a lumpectomia, focando na área ao redor do local onde o tumor foi removido.

4. Administração do Tratamento

- **Sessões de Tratamento**: A radioterapia é geralmente administrada em sessões diárias ao longo de várias semanas. Cada sessão dura apenas alguns minutos, embora o tempo de preparação possa ser mais longo.
- **Monitoramento e Ajustes**: O paciente é monitorado durante todo o tratamento, e ajustes podem ser feitos conforme necessário para garantir a precisão.

5. Cuidados Após o Tratamento

Após a conclusão da radioterapia, são programadas consultas de acompanhamento para monitorar a resposta ao tratamento e gerenciar quaisquer efeitos colaterais. A pele na área tratada pode estar sensível ou irritada, e são fornecidas orientações específicas para cuidados com a pele.

Inovações e Pesquisa

A pesquisa contínua em radioterapia busca desenvolver técnicas ainda mais precisas e eficazes, com o objetivo de melhorar os resultados do tratamento e reduzir os efeitos colaterais. Isso inclui o aprimoramento de técnicas existentes e o desenvolvimento de novas abordagens, como a terapia de prótons, que oferece potencial para ainda mais precisão na entrega da radiação.

Apesar dos avanços, a radioterapia ainda apresenta desafios. Os efeitos colaterais agudos, como fadiga, eritema da pele e dor, e os efeitos tardios, como fibrose, linfedema e danos cardíacos (para tumores na mama esquerda), podem afetar a qualidade de vida das pacientes. Esforços contínuos estão sendo feitos para otimizar a entrega da radiação, reduzir a toxicidade e identificar biomarcadores que possam prever a resposta à radioterapia*.

*Descoberta da Radiação e Primeiros Passos da Radioterapia

A radioterapia começou a se desenvolver como campo após a descoberta dos raios X por Wilhelm Conrad Röntgen em

1895, seguida pela descoberta da radioatividade por Henri Becquerel em 1896. Marie Curie, juntamente com seu marido Pierre Curie, desempenhou um papel fundamental ao descobrir os elementos radioativos polônio e rádio em 1898. O trabalho dos Curies não apenas abriu novos caminhos na física e na química, mas também lançou as bases para o uso terapêutico da radiação.

Madame Curie e a Radioterapia

Marie Curie foi pioneira na pesquisa da radiação e sua aplicação. Embora seu trabalho inicial não estivesse diretamente focado na radioterapia, as descobertas que ela fez possibilitaram o desenvolvimento dessa técnica como uma opção de tratamento para o câncer. Curie também desenvolveu unidades móveis de radiografia durante a Primeira Guerra Mundial, conhecidas como "Petites Curies", que não eram usadas para tratar o câncer, mas demonstraram a aplicabilidade médica da radiação.

Após a guerra, o foco voltou-se para as potenciais aplicações terapêuticas da radiação. O rádio, elemento descoberto por Curie, tornou-se uma ferramenta importante na luta contra o câncer, sendo usado para tratar tumores. A própria Curie contribuiu para o campo ao estabelecer o Instituto do Rádio em Paris (hoje Instituto Curie), que se tornou um centro líder em pesquisa e tratamento do câncer, incluindo o câncer de mama.

Legado de Marie Curie

O legado de Marie Curie na radioterapia e no tratamento do câncer é imenso. Sua pesquisa não apenas abriu caminho para o uso terapêutico da radiação, mas também estabeleceu um modelo para a pesquisa científica no campo da oncologia. O Instituto Curie continua a ser um líder mundial em pesquisa e tratamento do câncer, mantendo o legado de sua fundadora na vanguarda da luta contra o câncer.

Em resumo, a criação da radioterapia está profundamente enraizada nas descobertas de Marie Curie e no desenvolvimento subsequente da aplicação médica da radiação. Sua contribuição para a ciência e a medicina não apenas revolucionou o tratamento do câncer, incluindo o câncer de mama, mas também deixou um legado duradouro que continua a beneficiar pacientes em todo o mundo.

Capítulo 6: Tratamentos Modernos do Câncer de Mama

Tratamentos Atualizados dos Cânceres de Mama

O tratamento do câncer de mama tem avançado significativamente nos últimos anos, com o desenvolvimento de novas tecnologias, medicamentos e abordagens personalizadas que oferecem melhores resultados e menor toxicidade para os pacientes. Vamos explorar alguns dos avanços mais modernos neste campo:

6.1-Terapias Alvo-dirigidas

As terapias alvo-dirigidas representam uma abordagem revolucionária no tratamento do câncer de mama, focando em características específicas das células cancerígenas para atacá-las de maneira mais precisa e com menos danos às células normais.

Diferentemente da quimioterapia tradicional, que ataca todas as células que se dividem rapidamente (sejam elas cancerígenas ou não), as terapias alvo-dirigidas visam componentes moleculares específicos envolvidos na progressão e crescimento do câncer. Vamos explorar com mais detalhes os aspectos dessas terapias, incluindo seus alvos, mecanismos de ação e exemplos notáveis.

6.1.1 Alvos das Terapias Alvo-dirigidas

a) Receptores de HER2

O HER2 (receptor 2 do fator de crescimento epidérmico humano) é uma proteína que, quando superexpressa, pode promover o crescimento de células cancerígenas.

Aproximadamente 15 a 20% dos cânceres de mama são HER2-positivos (comportamento mais agressivo), caracterizados por uma alta quantidade dessa proteína na superfície das células tumorais. A terapia alvo dirigida aos receptores HER2+ no câncer de mama representa um dos avanços mais significativos no tratamento desta doença.

No entanto, a introdução de terapias direcionadas a HER2 transformou o prognóstico para esses pacientes, oferecendo opções de tratamento que visam especificamente essa via de sinalização.

Principais Terapias Direcionadas HER2

1.Trastuzumabe (Herceptin): Um anticorpo monoclonal que se liga ao domínio extracelular do receptor HER2, inibindo a sinalização HER2 e mediando a destruição imunológica das células tumorais. É utilizado tanto em configurações adjuvantes (após cirurgia) quanto metastáticas.

2.Pertuzumabe (Perjeta): Um anticorpo monoclonal que se liga a um sítio diferente no receptor HER2, impedindo a dimerização (pareamento) do HER2 com outros receptores da família HER. Geralmente é usado em combinação com trastuzumabe e quimioterapia para o tratamento inicial de câncer de mama HER-2-positivo metastático ou como terapia adjuvante.

3.Ado-trastuzumabe emtansina (Kadcyla): Um conjugado anticorpo-fármaco que combina trastuzumabe com um agente quimioterápico, permitindo a entrega direcionada da quimioterapia às células que expressam HER2, minimizando a exposição das células saudáveis.

4.Lapatinibe (Tykerb): Um inibidor da tirosina quinase que atua dentro da célula, bloqueando a sinalização de HER2 e EGFR (Receptor do Fator de Crescimento Epidérmico). É usado em combinação com quimioterapia ou terapias hormonais.

5.Neratinibe (Nerlynx): Outro inibidor da tirosina quinase, utilizado como terapia adjuvante para pacientes com câncer de mama inicial HER2-positivo, para reduzir o risco de recorrência do câncer após o tratamento com trastuzumabe.

Mecanismo de Ação das Terapias direcionadas

Estas terapias direcionadas funcionam por mecanismos que incluem a inibição da sinalização celular que promove o crescimento do tumor, a indução da morte celular e a ativação da resposta imune contra as células tumorais. A combinação de diferentes terapias direcionadas, como trastuzumabe e pertuzumabe, visa bloquear a via HER2 por múltiplos mecanismos, aumentando a eficácia do tratamento.

Desafios e Desenvolvimentos Futuros

Apesar do sucesso dessas terapias, alguns pacientes podem desenvolver resistência ao tratamento. A pesquisa continua focada no desenvolvimento de novas estratégias para superar a resistência, incluindo a combinação de terapias direcionadas com imunoterapias ou inibidores de checkpoint imunológico, e o desenvolvimento de novos agentes que visam outras vias de sinalização envolvidas na progressão do câncer de mama HER2-positivo.

b) Receptores Hormonais

As terapias alvo-dirigidas, especialmente no contexto da terapia hormonal para o tratamento do câncer de mama, representam uma abordagem fundamentalmente importante e personalizada no manejo dessa doença. Essas terapias são projetadas para interagir com processos biológicos específicos que são cruciais para o crescimento e a sobrevivência das células cancerígenas. No caso do câncer de mama, muitos desses processos são mediados por hormônios sexuais, principalmente o estrogênio e a progesterona. A terapia hormonal, portanto, visa bloquear a ação desses hormônios sobre as células cancerígenas ou diminuir sua produção no corpo, a fim de retardar ou parar o crescimento do tumor.

1. Inibidores de Aromatase

Os inibidores de aromatase são uma classe de medicamentos que reduzem significativamente os níveis de estrogênio no corpo, bloqueando a enzima aromatase, responsável pela conversão de andrógenos (hormônios sexuais masculinos) em estrogênio em tecidos não ovarianos. Eles são comumente usados em mulheres pós-menopáusicas, pois, nesta fase da vida, a maior parte do estrogênio é produzida fora dos ovários.

- Exemplos de Inibidores de Aromatase:
- Anastrozol (Arimidex)
- Letrozol (Femara)
- Exemestano (Aromasin)

Esses medicamentos são frequentemente prescritos para o tratamento de câncer de mama ER-positivo em mulheres pós-menopáusicas.

2. Moduladores Seletivos do Receptor de Estrogênio (SERMs)

Os SERMs são compostos que se ligam aos receptores de estrogênio nas células, funcionando como antagonistas em alguns tecidos (bloqueando a ação do estrogênio) e como agonistas em outros. Eles são usados tanto em mulheres pré quanto pós-menopáusicas.

•Exemplos de SERMs:

•**Tamoxifeno**: Um dos SERMs mais conhecidos e amplamente utilizados, eficaz em reduzir o risco de recorrência do câncer de mama ER-positivo e em tratar cânceres metastáticos.

•**Raloxifeno (Evista)**: Embora mais frequentemente usado para prevenir ou tratar a osteoporose, também tem efeitos sobre os receptores de estrogênio no tecido mamário.

3. Antagonistas do Receptor de Estrogênio e Inibidores de Downregulation

Estes medicamentos agem bloqueando os receptores de estrogênio de maneira mais definitiva do que os SERMs e podem reduzir a quantidade de receptor disponível.

•Exemplo:

•**Fulvestranto (Faslodex)**: Diferentemente dos SERMs, o fulvestranto degrada o receptor de estrogênio, impedindo que o estrogênio se ligue a ele. É usado no tratamento de câncer de mama metastático ER-positivo em mulheres pós-menopáusicas.

4. Terapias Combinadas

Em alguns casos, a terapia hormonal é combinada com outras formas de tratamento, como a quimioterapia, a terapia alvo (por exemplo, inibidores de CDK4/6 como palbociclibe, ribociclibe e abemaciclibe para câncer de mama avançado ER-positivo e HER2-negativo) ou a imunoterapia, para aumentar a eficácia do tratamento.

Mecanismos de Ação e Considerações

•**Mecanismo de Ação:** A terapia hormonal funciona de duas maneiras principais: bloqueando a ação dos hormônios sexuais nos receptores hormonais das células cancerígenas ou reduzindo a produção desses hormônios pelo corpo.

•**Considerações de Tratamento:** A escolha do tratamento hormonal depende de vários fatores, incluindo o status menopausal da paciente, o tipo específico de câncer de mama, a presença de receptores hormonais, e se o câncer é metastático.

A terapia hormonal representa um pilar no tratamento do câncer de mama, especialmente para tumores que expressam receptores de estrogênio e/ou progesterona. Através do bloqueio da ação dos hormônios ou da redução de sua produção, é possível retardar o crescimento do tumor e melhorar a sobrevida das pacientes. A pesquisa contínua e o desenvolvimento de novos medicamentos e combinações terapêuticas prometem avanços ainda maiores na eficácia do tratamento do câncer de mama.

c) Inibidores de CDK4/6

As Cinases Dependentes de Ciclina 4 e 6 (CDK4/6) são enzimas cruciais que desempenham um papel fundamental na regulação do ciclo celular, especificamente na transição da fase G1 para a fase S, onde ocorre a síntese de DNA. Essas enzimas, ao se ligarem às suas ciclinas específicas (D1, D2, D3), promovem a progressão do ciclo celular ao fosforilar o retinoblastoma (pRb), uma proteína supressora de tumor. Quando pRb é fosforilada, ela libera fatores de transcrição E2F, que são necessários para a progressão do ciclo celular e a replicação do DNA. Em muitos cânceres, incluindo alguns tipos de câncer de mama, as CDK4/6 são hiperativas, o que leva à divisão celular descontrolada e ao crescimento tumoral.

Mecanismo de Ação dos Inibidores de CDK4/6

Os inibidores de CDK4/6, como Palbociclibe, Ribociclibe e Abemaciclibe, são medicamentos que atuam especificamente bloqueando a atividade das enzimas CDK4 e CDK6. Ao inibir essas cinases, os inibidores de CDK4/6 impedem a fosforilação de pRb, o que resulta na detenção do ciclo celular na fase G1, impedindo assim a replicação do DNA e a divisão celular. Isso leva a uma redução na proliferação de células cancerígenas.

Diferenças entre os Inibidores de CDK4/6

- **Palbociclibe (Ibrance)**: Foi o primeiro inibidor de CDK4/6 a ser aprovado pela FDA (Food and Drug Administration) para o tratamento de câncer de mama avançado ou metastático. Geralmente é usado em combinação com terapia hormonal.
- **Ribociclibe (Kisqali)**: Aprovado pela FDA para uso em combinação com terapia hormonal em câncer de mama avançado ou metastático. Tem mostrado melhorar significativamente a sobrevida livre de progressão em pacientes.
- **Abemaciclibe (Verzenio)**: Difere dos outros dois inibidores por ter uma maior seletividade para CDK4 do que para CDK6 e pode ser administrado sozinho ou em combinação com terapia hormonal. Abemaciclibe também tem a capacidade de atravessar a barreira hematoencefálica, o que pode ser benéfico no tratamento de metástases cerebrais.

Indicações e Eficácia

Os inibidores de CDK4/6 são indicados principalmente para o tratamento de câncer de mama avançado ou metastático que é positivo para receptor hormonal (HR+) e negativo para o receptor 2 do fator de crescimento epidérmico humano (HER2-). Eles são usados em combinação com terapias endócrinas, como inibidores de aromatase ou fulvestranto, dependendo da linha de tratamento e se a paciente é pré ou pós-menopausa.

Estudos clínicos demonstraram que a adição de inibidores de CDK4/6 à terapia endócrina melhora significativamente a sobrevida livre de progressão em pacientes com câncer de mama avançado HR+/HER2-, com um perfil de toxicidade gerenciável. Efeitos colaterais comuns incluem neutropenia, leucopenia, anemia, fadiga, náuseas e diarreia, sendo a neutropenia o mais significativo e frequentemente monitorado.

Os inibidores de CDK4/6 representam um avanço significativo no tratamento do câncer de mama HR+/HER2-, oferecendo uma opção terapêutica que pode prolongar a sobrevida livre de progressão e melhorar a qualidade de vida dos pacientes. A escolha entre Palbociclibe, Ribociclibe e Abemaciclibe depende de vários fatores, incluindo o perfil de toxicidade, as condições clínicas do paciente e as preferências de tratamento. A pesquisa contínua e os ensaios clínicos estão em andamento para explorar ainda mais o potencial desses e de novos inibidores de CDK4/6 no tratamento do câncer de mama e de outros tipos de câncer.

d) Inibidores de PI3K

A via PI3K/AKT/mTOR é uma rota de sinalização intracelular importante para o crescimento e sobrevivência celular. Mutações no gene PIK3CA, que codifica uma subunidade da PI3K, são comuns em cânceres de mama e podem ser alvos de terapias específicas. Os inibidores de PI3K são uma classe de medicamentos que têm desempenhado um papel importante no tratamento de certos tipos de câncer de mama, especialmente aqueles que são hormônio-receptor positivos (HR+) e HER2-negativos. A via PI3K/AKT/mTOR é uma das vias de sinalização intracelular mais importantes para o controle do crescimento celular, sobrevivência, proliferação e metabolismo. Alterações nesta via, incluindo a ativação patológica da fosfatidilinositol 3-quinase (PI3K), são frequentemente observadas em vários tipos de câncer, incluindo o câncer de mama, tornando-a um alvo terapêutico atraente.

Mecanismo de Ação

Os inibidores de PI3K atuam bloqueando a atividade da enzima PI3K. Esta enzima é uma componente chave da via PI3K/AKT/mTOR, que, quando ativada, pode promover o crescimento e a sobrevivência das células tumorais. Ao inibir esta via, os medicamentos podem reduzir a proliferação das células cancerígenas e induzir a apoptose (morte celular programada).

Uso Clínico

Um exemplo de inibidor de PI3K aprovado para uso em pacientes com câncer de mama é o alpelisibe (Piqray). O alpelisibe é especificamente indicado para o tratamento de pacientes com câncer de mama avançado ou metastático HR+, HER2-, que apresentam mutações específicas no gene PIK3CA. Essas mutações são encontradas em aproximadamente 40% dos cânceres de mama HR+.

O alpelisibe é usado em combinação com o fulvestranto, um antagonista do receptor de estrogênio, em pacientes que receberam tratamento endócrino prévio. A combinação mostrou-se eficaz em prolongar a sobrevida livre de progressão em pacientes com essas características moleculares específicas.

Efeitos Colaterais

Como todos os medicamentos oncológicos, os inibidores de PI3K podem causar efeitos colaterais. Alguns dos mais comuns incluem:

- **Hiperglicemia** (níveis elevados de açúcar no sangue)
- **Diarreia**
- **Rash cutâneo**

- **Fadiga**
- **Náusea**
- **Diminuição do apetite**

O manejo desses efeitos colaterais é uma parte importante do tratamento, e os pacientes podem precisar de monitoramento regular, especialmente para a hiperglicemia.

Pesquisa e Desenvolvimento

A pesquisa continua na busca por inibidores de PI3K mais eficazes e com menos efeitos colaterais. Além disso, estudos estão em andamento para determinar a eficácia desses medicamentos em combinação com outras terapias, incluindo imunoterapias e inibidores de outras vias de sinalização envolvidas no câncer.

Os inibidores de PI3K representam um avanço significativo no tratamento do câncer de mama, oferecendo novas opções para pacientes com subtipos específicos da doença. A identificação de biomarcadores preditivos de resposta, como as mutações no PIK3CA, é um exemplo de como a medicina personalizada está se tornando uma realidade no tratamento do câncer.

e) BRCA1 e BRCA2

Os genes BRCA1 e BRCA2 (Breast Cancer genes 1 e 2) são genes supressores de tumor que desempenham um papel crucial na manutenção da estabilidade do DNA, reparando quebras nas duas fitas do DNA. Quando esses genes funcionam corretamente, eles ajudam a prevenir o desenvolvimento de tumores, garantindo que o DNA danificado seja reparado de maneira adequada. No entanto, mutações hereditárias nesses genes podem levar a uma função defeituosa, aumentando significativamente o risco de desenvolvimento de certos tipos de câncer, mais notavelmente câncer de mama e câncer de ovário, mas também estão associados a um risco aumentado de câncer de próstata e câncer pancreático.

Mecanismo de Ação das Mutações BRCA

As mutações nos genes BRCA1 e BRCA2 são geralmente hereditárias e podem ser passadas de pais para filhos. Indivíduos com uma mutação em qualquer um desses genes têm um risco significativamente aumentado de desenvolver câncer ao longo da vida. No caso do câncer de mama, o risco pode variar, mas estudos sugerem que pode chegar a 65-70% até os 80 anos para portadores de mutações BRCA1 ou BRCA2.

Terapias Alvo para Mutação BRCA: Inibidores de PARP

Os inibidores de PARP (poli ADP-ribose polimerase) são uma classe de medicamentos que se tornaram uma terapia alvo importante para tumores com mutações nos genes BRCA1 e BRCA2. As enzimas PARP desempenham um papel crucial na reparação de danos no DNA de fita simples. Os inibidores de PARP atuam bloqueando a atividade da PARP, o que resulta em um acúmulo de quebras de fita simples de DNA que, durante o ciclo celular, se convertem em quebras de fita dupla mais complexas. Em células normais, essas quebras de fita dupla podem ser reparadas pelo mecanismo de reparo homólogo (HR), no qual os genes BRCA1 e BRCA2 são fundamentais. No entanto, em células cancerígenas com mutações BRCA, esse mecanismo de reparo está comprometido, levando ao acúmulo de danos no DNA e, eventualmente, à morte celular.

Exemplos de Inibidores de PARP

•**Olaparibe (Lynparza)**: Foi o primeiro inibidor de PARP aprovado para uso em pacientes com mutações germinativas BRCA1/BRCA2 em câncer de ovário avançado. Posteriormente, sua indicação foi expandida para incluir câncer de mama HER-2-negativo com mutações BRCA, entre outros.

•**Talazoparibe (Talzenna)**: Aprovado para o tratamento de pacientes com mutações germinativas BRCA1/BRCA2 em câncer de mama HER2-negativo avançado ou metastático. Mostrou uma forte atividade inibitória de PARP, levando a uma melhoria significativa na sobrevida livre de progressão em comparação com a quimioterapia padrão.

Eficácia e Considerações

Os inibidores de PARP têm mostrado eficácia significativa no tratamento de cânceres com mutações BRCA, oferecendo uma opção terapêutica menos tóxica em comparação com tratamentos convencionais como a quimioterapia. Eles são particularmente eficazes em pacientes com tumores que dependem exclusivamente de PARP para reparo de DNA devido à deficiência de reparo homólogo.

No entanto, o uso de inibidores de PARP pode estar associado a efeitos colaterais, como fadiga, náuseas, vômitos, anemia, e risco aumentado de desenvolvimento de leucemia mieloide aguda e síndrome mielodisplásica em casos raros. A seleção de pacientes para terapia com inibidores de PARP geralmente envolve testes genéticos para confirmar a presença de mutações BRCA.

A identificação de mutações nos genes BRCA1 e BRCA2 revolucionou o entendimento e o tratamento do câncer de mama e de ovário, permitindo o desenvolvimento de terapias alvo como os inibidores de PARP. Essas terapias oferecem uma abordagem mais personalizada e eficaz, com potencial para melhorar significativamente os resultados em pacientes com mutações BRCA, marcando um avanço significativo na luta contra o câncer.

f) mTOR

O mTOR (Alvo da Rapamicina em Mamíferos) é uma proteína serina/treonina quinase que desempenha um papel central na regulação do crescimento e da proliferação celular. Ele atua como parte de dois complexos distintos, mTORC1 e mTORC2, que são responsáveis por diferentes aspectos da regulação celular, incluindo a síntese de proteínas, o metabolismo de lipídios, a progressão do ciclo celular e a sobrevivência celular. A via de sinalização do mTOR é ativada por vários estímulos, como nutrientes, energia (ATP), fatores de crescimento e hormônios, e está envolvida em processos celulares fundamentais. Devido ao seu papel crucial na promoção do crescimento e da sobrevivência celular, a via mTOR é frequentemente hiperativada em vários tipos de câncer, incluindo o câncer de mama, o que contribui para a tumorigênese, a progressão do tumor e a resistência à terapia.

Everolimo: Um Inibidor de mTOR no Tratamento do Câncer de Mama

O Everolimo (Afinitor) é um inibidor de mTOR que atua especificamente no complexo mTORC1. Ele é um derivado da rapamicina e funciona se ligando à proteína FKBP-12, formando um complexo que se liga diretamente ao mTORC1, inibindo sua atividade. Ao bloquear a via mTORC1, o Everolimo interfere na síntese de proteínas necessárias para a proliferação celular, levando a um efeito antiproliferativo sobre as células tumorais.

Aplicação do Everolimo no Câncer de Mama

O Everolimo foi aprovado para uso em combinação com o exemestano para o tratamento de mulheres pós-menopausa com câncer de mama avançado receptor hormonal-positivo (HR+), HER2-negativo, que receberam terapia endócrina prévia. A combinação de Everolimo com inibidores da aromatase, como o exemestano, mostrou melhorar significativamente a sobrevida livre de progressão em comparação com a terapia endócrina sozinha.

Isso é particularmente importante para pacientes com câncer de mama avançado HR+ que desenvolveram resistência à terapia endócrina, uma vez que a via mTOR é um mecanismo conhecido de resistência endócrina.

Mecanismo de Ação e Eficácia

O mecanismo de ação do Everolimo, inibindo o mTORC1, resulta na redução da síntese de proteínas que promovem o crescimento e a divisão celular. Isso não apenas retarda a progressão do tumor, mas também pode aumentar a sensibilidade das células tumorais a outras terapias. Em ensaios clínicos, o Everolimo, quando combinado com terapia endócrina, demonstrou uma melhoria significativa na sobrevida livre de progressão em pacientes com câncer de mama avançado HR+, oferecendo uma opção valiosa para essa população de pacientes.

Efeitos Colaterais e Considerações

O tratamento com Everolimo pode estar associado a uma série de efeitos colaterais, incluindo, mas não limitado a, estomatite, infecções, rash cutâneo, fadiga e pneumonite não infecciosa. O manejo desses efeitos colaterais é crucial para manter a qualidade de vida dos pacientes e garantir a continuidade do tratamento. A monitorização e a intervenção médica precoce são essenciais para o manejo de potenciais toxicidades.

O Everolimo representa um avanço significativo no tratamento do câncer de mama avançado HR+, HER2-negativo, especialmente para pacientes que desenvolveram resistência à terapia endócrina. Ao inibir a via mTOR, o Everolimo oferece uma abordagem terapêutica alvo que pode retardar a progressão do tumor e melhorar os resultados do tratamento. No entanto, a seleção cuidadosa dos pacientes e o manejo dos efeitos colaterais são fundamentais para otimizar os benefícios do tratamento com Everolimo.

Mecanismos de Ação das Terapias Alvo-dirigidas

•**Bloqueio de Sinalização Celular**: Muitas terapias alvo-dirigidas funcionam bloqueando vias de sinalização que as células cancerígenas usam para crescer, dividir e se espalhar.

•**Modulação de Funções Celulares**: Algumas terapias podem modificar ou "corrigir" funções celulares anormais nas células cancerígenas.

•**Entrega de Toxinas**: Certos anticorpos monoclonais são conjugados com toxinas ou agentes quimioterápicos, direcionando esses compostos letais diretamente às células cancerígenas.

Desafios e Considerações Futuras

•**Resistência ao Tratamento**: Um dos principais desafios com terapias alvo-dirigidas é o desenvolvimento de resistência, onde o câncer eventualmente deixa de responder ao tratamento.

•**Identificação de Alvos**: A busca por novos alvos moleculares continua a ser uma área chave de pesquisa, potencialmente levando ao desenvolvimento de novas terapias.

•**Terapias Combinadas**: A combinação de terapias alvo-dirigidas com outras formas de tratamento, como a quimioterapia, terapia hormonal e imunoterapia, é uma estratégia promissora para superar a resistência e melhorar os resultados do tratamento.

As terapias alvo-dirigidas transformaram o tratamento do câncer de mama, oferecendo opções mais personalizadas e eficazes para os pacientes. À medida que a compreensão da biologia do câncer de mama se aprofunda, espera-se que novas terapias continuem a ser desenvolvidas, melhorando ainda mais os resultados para os pacientes.

6.2 Imunoterapia

A imunoterapia é uma abordagem revolucionária no tratamento do câncer, incluindo o câncer de mama, que utiliza o sistema imunológico do próprio paciente para combater a doença. Esta estratégia representa uma mudança de paradigma em relação aos tratamentos convencionais, como quimioterapia e radioterapia, ao focar no potencial do sistema imunológico para identificar e destruir células cancerígenas. No contexto do câncer de mama, a imunoterapia tem ganhado destaque, especialmente para subtipos menos responsivos a tratamentos hormonais e alvo-dirigidos, como o câncer de mama triplo-negativo (TNBC). Vamos explorar com mais detalhes os tipos, mecanismos de ação e desafios associados à imunoterapia no tratamento do câncer de mama.

Tipos de Imunoterapia no Câncer de Mama

6.2.1. Inibidores de Checkpoint Imunológico:

A imunoterapia com inibidores de checkpoint imunológico representa uma das mais significativas inovações no tratamento do câncer nas últimas décadas, incluindo o câncer de mama. Essa abordagem terapêutica tem como objetivo potencializar a capacidade do sistema imunológico do paciente de reconhecer e combater as células tumorais. Os checkpoints imunológicos são moléculas reguladoras que mantêm a auto-tolerância do sistema imunológico e protegem os tecidos contra danos durante as respostas imunes. No entanto, as células cancerígenas podem explorar esses mecanismos para evitar serem atacadas pelo sistema imunológico.

Mecanismo de Ação dos Inibidores de Checkpoint

Os inibidores de checkpoint imunológico atuam bloqueando as proteínas de checkpoint, como PD-1 (Programmed Death-1), PD-L1 (Programmed Death Ligand-1) e CTLA-4 (Cytotoxic T-Lymphocyte-Associated Protein 4), que são frequentemente utilizadas pelas células cancerígenas para inibir a atividade das células T e evitar a resposta imune. Ao inibir essas interações, os inibidores de checkpoint permitem que as células T reconheçam e destruam as células cancerígenas.

Inibidores de Checkpoint no Câncer de Mama

Embora a imunoterapia com inibidores de checkpoint tenha sido inicialmente mais bem-sucedida em cânceres com alta mutação, como melanoma e câncer de pulmão não pequenas células, avanços recentes expandiram seu uso para o tratamento de certos tipos de câncer de mama, especialmente o câncer de mama triplo-negativo (TNBC), que não expressa os receptores de estrogênio, progesterona e não tem excesso de HER2. O TNBC é particularmente desafiador para tratar devido à falta de alvos terapêuticos específicos, tornando a imunoterapia uma opção promissora.
Exemplos de Inibidores de Checkpoint no Câncer de Mama

•**Pembrolizumabe (Keytruda)**: Um anticorpo monoclonal que se liga ao PD-1, bloqueando sua interação com PD-L1 e PD-L2. O Pembrolizumabe foi aprovado para uso em combinação com quimioterapia para pacientes com TNBC localmente recorrente não resecável ou metastático, cujos tumores expressam PD-L1, melhorando significativamente a sobrevida livre de progressão e a sobrevida global em comparação com a quimioterapia sozinha.

•**Atezolizumabe (Tecentriq)**: Um anticorpo monoclonal que se liga ao PD-L1 e impede sua interação com PD-1 e B7.1. O Atezolizumabe, em combinação com a quimioterapia (nab-paclitaxel), foi aprovado para o tratamento de pacientes com TNBC metastático ou localmente avançado que expressam PD-L1, com base em melhorias na sobrevida livre de progressão.

Desafios e Considerações

Apesar do sucesso dos inibidores de checkpoint no tratamento de alguns pacientes com câncer de mama, nem todos respondem a essa terapia. A identificação de biomarcadores preditivos de resposta, como a expressão de PD-L1 no tumor, é crucial para selecionar pacientes que têm maior probabilidade de se beneficiar da imunoterapia. Além disso, os inibidores de checkpoint podem causar efeitos colaterais imunomediados, resultando em inflamação de órgãos e tecidos. O manejo desses efeitos colaterais requer uma abordagem cuidadosa e, em alguns casos, a suspensão do tratamento e a administração de corticosteroides.

Perspectivas Futuras

A pesquisa continua a explorar o potencial dos inibidores de checkpoint em combinação com outras terapias, como quimioterapia, terapia alvo e outras formas de imunoterapia, para melhorar os resultados no câncer de mama. Estudos estão em andamento para avaliar a eficácia dos inibidores de checkpoint em outros subtipos de câncer de mama, além do TNBC, e para identificar novos biomarcadores que possam prever a resposta à imunoterapia. A compreensão mais profunda dos mecanismos de resistência à imunoterapia também é crucial para o desenvolvimento de estratégias que possam superar esses desafios, permitindo que um número maior de pacientes se beneficie dessa abordagem terapêutica inovadora.

6.2.2. Vacinas Contra o Câncer

As vacinas contra o câncer representam uma abordagem

promissora na imunoterapia do câncer de mama, visando estimular o sistema imunológico do paciente a reconhecer e combater as células tumorais. Diferentemente das vacinas preventivas tradicionais, que são projetadas para prevenir doenças infecciosas antes que elas ocorram, as vacinas contra o câncer são geralmente terapêuticas, ou seja, são usadas para tratar o câncer existente ou prevenir a recorrência após o tratamento inicial. No contexto do câncer de mama, as vacinas estão sendo desenvolvidas para atacar antígenos específicos associados às células tumorais, com o objetivo de induzir uma resposta imune direcionada que possa reduzir o tumor, prevenir a recorrência ou eliminar células cancerígenas residuais.

Tipos de Vacinas Contra o Câncer de Mama

Vacinas de Peptídeos e Proteínas: Utilizam peptídeos ou proteínas específicas encontradas nas células de câncer de mama para estimular uma resposta imune. Esses antígenos são selecionados com base em sua expressão predominante ou exclusiva nas células tumorais em comparação com as células normais. A vacinação com peptídeos ou proteínas tumorais visa educar o sistema imunológico a reconhecer e atacar células que expressam esses antígenos.

Vacinas de Células Dendríticas: As células dendríticas são um tipo de célula do sistema imunológico com a capacidade de processar antígenos tumorais e apresentá-los às células T, induzindo uma resposta imune específica contra o tumor. Na terapia com vacinas de células dendríticas, as células são coletadas do paciente, carregadas com antígenos tumorais em laboratório e então reintroduzidas no paciente para ativar as células T contra o câncer.

Vacinas de DNA e RNA: Essas vacinas usam sequências de DNA ou RNA que codificam antígenos tumorais específicos. Após a administração, as células do paciente absorvem o DNA ou

RNA da vacina e começam a produzir o antígeno tumorais, desencadeando uma resposta imune. Essa abordagem permite uma ampla gama de antígenos a serem utilizados e pode ser rapidamente adaptada para diferentes tipos de câncer.

Vacinas Virais: Utilizam vírus atenuados ou inativados como vetores para entregar antígenos tumorais específicos às células do paciente. Esses vírus são modificados para serem seguros e incapazes de causar doenças, mas ainda capazes de induzir uma forte resposta imune contra os antígenos tumorais que eles carregam.

Desafios e Perspectivas

Apesar do potencial promissor das vacinas contra o câncer no tratamento do câncer de mama, existem vários desafios a serem superados. Um dos principais desafios é a seleção de antígenos tumorais que sejam altamente específicos para as células cancerígenas e capazes de induzir uma resposta imune robusta.

Além disso, o microambiente tumoral frequentemente suprime a resposta imune, dificultando a eficácia das vacinas. Estratégias para superar a imunossupressão no microambiente tumoral, como a combinação de vacinas contra o câncer com inibidores de checkpoint imunológico, estão sendo exploradas.

Exemplos em Desenvolvimento e Uso Clínico

Embora ainda não existam vacinas contra o câncer de mama aprovadas para uso clínico generalizado, várias candidatas estão em estágios avançados de desenvolvimento e ensaios clínicos. Por exemplo, a vacina NeuVax (nelipepimute-S) visa o antígeno HER2/neu presente em algumas células de câncer de mama e está sendo testada em ensaios clínicos para prevenir a recorrência em pacientes com câncer de mama inicial HER2 positivo.

As vacinas contra o câncer oferecem uma abordagem inovadora e promissora para o tratamento do câncer de mama, com o potencial de induzir respostas imunes duradouras contra as células tumorais. À medida que a pesquisa avança e novas tecnologias são desenvolvidas, é provável que as vacinas contra o câncer se tornem uma parte importante do arsenal terapêutico contra o câncer de mama, oferecendo novas esperanças para a prevenção da recorrência e o tratamento de tumores avançados.

6.2.3 Terapia Celular:

A terapia celular representa uma fronteira inovadora na imunoterapia do câncer de mama, oferecendo novas esperanças para pacientes com formas avançadas da doença ou aquelas que se tornaram resistentes aos tratamentos convencionais. Esta abordagem utiliza células do sistema imunológico, modificadas ou não, para atacar e destruir as células cancerígenas de forma mais eficaz. Entre as estratégias de terapia celular, a terapia com células T receptoras de antígeno quimérico (CAR-T) e a transferência adotiva de células T (TIL) são as mais promissoras no contexto do câncer de mama.

Terapia com Células CAR-T

A terapia com células CAR-T envolve a coleta de células T do sangue do paciente, que são então geneticamente modificadas em laboratório para expressar receptores de antígeno quimérico (CAR). Esses receptores são projetados para reconhecer e se ligar a antígenos específicos presentes na superfície das células tumorais. Após a modificação, as células CAR-T são expandidas em número e reintroduzidas no paciente, onde buscam e destroem as células cancerígenas que expressam o antígeno alvo.

No câncer de mama, a terapia com células CAR-T ainda está em estágios iniciais de pesquisa, mas tem demonstrado potencial, especialmente para o tratamento de subtipos agressivos como o câncer de mama triplo-negativo (TNBC). Um dos desafios é identificar antígenos tumorais específicos que sejam expressos de forma predominante nas células de câncer de mama e não em tecidos saudáveis, para minimizar os danos às células normais.

Terapia com Células TIL

A terapia com células TIL aproveita as células T infiltrantes de tumor (TIL) que estão presentes dentro ou ao redor dos tumores. Essas células já reconheceram o câncer como uma ameaça, mas muitas vezes são ineficazes em eliminar o tumor devido ao microambiente imunossupressor criado pelas células cancerígenas. No processo de terapia com TIL, as células são extraídas do tumor do paciente, selecionadas e expandidas em laboratório, e então reintroduzidas no paciente após um tratamento de condicionamento que reduz as células imunes regulatórias. Isso permite que as células TIL ativadas ataquem e destruam as células tumorais de forma mais eficaz.

Desafios e Perspectivas

A terapia celular no tratamento do câncer de mama enfrenta vários desafios. A identificação de alvos antigênicos apropriados é crucial para o sucesso da terapia com células CAR-T, enquanto a obtenção de um número suficiente de células TIL viáveis pode ser um desafio técnico. Além disso, ambas as abordagens podem levar a efeitos colaterais significativos, como a síndrome de liberação de citocinas (CRS), que requer monitoramento e manejo cuidadosos.

Apesar desses desafios, a terapia celular oferece uma abordagem promissora para o tratamento do câncer de mama, particularmente para pacientes que não responderam a outras terapias. Pesquisas em andamento estão focadas em melhorar a eficácia e segurança dessas terapias, identificar novos alvos antigênicos e desenvolver estratégias para minimizar os efeitos colaterais. À medida que a compreensão do microambiente tumoral e da biologia do câncer de mama avança, é provável que a terapia celular se torne uma opção de tratamento mais viável e eficaz para uma gama mais ampla de pacientes com câncer de mama.

Terapia Celular no Brasil

A pesquisa e o desenvolvimento de terapias celulares no Brasil têm avançado significativamente nos últimos anos, refletindo o crescente interesse global em terapias inovadoras para o tratamento de diversas doenças, incluindo o câncer. No contexto brasileiro, esses avanços são impulsionados tanto por instituições de pesquisa acadêmica quanto por centros de pesquisa clínica, em colaboração com agências regulatórias que estabelecem diretrizes para a segurança e eficácia dessas terapias.

Regulação e Infraestrutura

A Agência Nacional de Vigilância Sanitária (ANVISA) é o órgão regulador no Brasil responsável por estabelecer as normas e diretrizes para o desenvolvimento e aplicação de terapias celulares. Em 2011, a ANVISA publicou a RDC 9, que estabelece os requisitos para a condução de ensaios clínicos com produtos de terapia avançada, incluindo terapias celulares. Essa regulamentação foi um passo importante para o desenvolvimento seguro e controlado de terapias inovadoras no país.

Além disso, o Brasil tem visto o desenvolvimento de infraestruturas dedicadas à pesquisa e produção de terapias celulares, como o Centro de Terapia Celular (CTC) em Ribeirão Preto, São Paulo, que faz parte da Rede de Terapia Celular do Ministério da Saúde. Instituições como o Instituto Nacional de Células-Tronco em Doenças Humanas (INCTC) também desempenham um papel crucial na pesquisa básica e aplicada em terapias celulares.

Pesquisas em Andamento

As pesquisas sobre terapia celular no Brasil abrangem uma ampla gama de áreas, incluindo, mas não se limitando a, o tratamento de doenças hematológicas, cardiovasculares, neurodegenerativas e, claro, o câncer. No campo oncológico, o foco tem sido tanto no desenvolvimento de terapias CAR-T para tipos específicos de câncer quanto na exploração de outras formas de terapia celular, como as células TIL (linfócitos infiltrantes de tumor).

Um exemplo notável de pesquisa em terapia celular no Brasil é o trabalho realizado no âmbito do CTC em Ribeirão Preto, onde pesquisadores estão desenvolvendo e testando novas estratégias de terapia celular para o tratamento de cânceres hematológicos e sólidos. Essas pesquisas incluem o desenvolvimento de células CAR-T direcionadas a antígenos específicos presentes em células tumorais.

Desafios e Perspectivas

Apesar do progresso significativo, a pesquisa em terapia celular no Brasil enfrenta desafios, incluindo a necessidade de investimentos substanciais em pesquisa e desenvolvimento, infraestrutura laboratorial e capacitação técnica. Além disso, a transferência de tecnologia e a produção em larga escala de terapias celulares para ensaios clínicos e aplicações clínicas exigem colaborações estratégicas entre instituições de pesquisa, indústria e governo.

A perspectiva para a terapia celular no Brasil, no entanto, é promissora. A combinação de uma forte base acadêmica em pesquisa biomédica, um quadro regulatório que apoia o desenvolvimento de terapias inovadoras e o crescente interesse da indústria farmacêutica em terapias avançadas sugere que o Brasil está se posicionando como um participante importante no campo da terapia celular. À medida que a pesquisa avança e supera os desafios existentes, espera-se que as terapias celulares se tornem uma opção de tratamento mais acessível e eficaz para pacientes brasileiros, incluindo aqueles com câncer de mama.

Em resumo, a terapia celular no Brasil está em uma trajetória de crescimento, com potencial significativo para impactar positivamente o tratamento do câncer e outras doenças graves. A continuidade do investimento em pesquisa, desenvolvimento e colaboração entre os setores público e privado será crucial para realizar o potencial das terapias celulares no país.

Conclusão

A terapia celular na imunoterapia do câncer de mama representa uma abordagem inovadora que tem o potencial de transformar o tratamento de pacientes com câncer de mama, especialmente aqueles com formas avançadas da doença. Embora ainda esteja em estágios iniciais de desenvolvimento e enfrentando desafios significativos, o progresso contínuo na pesquisa e desenvolvimento dessas terapias promete abrir novos caminhos para a cura do câncer de mama e melhorar significativamente a qualidade de vida dos pacientes.

Mecanismos de Ação da Imunoterapia

- **Ativação do Sistema Imunológico**: A imunoterapia busca superar os mecanismos de evasão imunológica do câncer, fortalecendo a capacidade do sistema imunológico de reconhecer e destruir células cancerígenas.
- **Bloqueio de Checkpoints Imunológicos**: Ao inibir proteínas de checkpoint que regulam negativamente a resposta imune, essas terapias permitem uma ação imune mais efetiva contra o câncer.
- **Direcionamento Específico**: Terapias como células CAR-T são projetadas para reconhecer e se ligar a antígenos específi-

cos nas células cancerígenas, levando à sua destruição direta.

Desafios e Considerações

•**Seleção de Pacientes**: Nem todos os pacientes respondem igualmente à imunoterapia. A expressão de biomarcadores, como PD-L1, pode ajudar a identificar pacientes que têm maior probabilidade de se beneficiar dessas terapias.

•**Efeitos Colaterais**: A imunoterapia pode causar uma ativação excessiva do sistema imunológico, resultando em inflamação e danos a tecidos saudáveis, conhecidos como eventos adversos imunomediados.

•**Resistência ao Tratamento**: A resistência à imunoterapia, seja intrínseca ou adquirida, continua sendo um desafio significativo. A pesquisa está focada em entender esses mecanismos para desenvolver estratégias que superem a resistência.

Conclusão

A imunoterapia oferece uma nova esperança para muitos pacientes com câncer de mama, especialmente para aqueles com subtipos agressivos da doença, como o TNBC. Embora ainda existam desafios a serem superados, como a identificação de pacientes que mais provavelmente se beneficiarão e o manejo de efeitos colaterais, os avanços contínuos nesta área estão ampliando o arsenal de tratamentos disponíveis, prometendo melhorar significativamente os resultados para os pacientes com câncer de mama.

6.3 Terapia Endócrina Avançada

A terapia endócrina avançada para o câncer de mama representa um dos pilares fundamentais no tratamento de tumores que expressam receptores hormonais, como receptores de estrogênio (ER) e/ou progesterona (PR). Esses tipos de câncer, conhecidos como hormônio-receptivos ou HR+, são sensíveis às flutuações dos níveis hormonais no corpo, particularmente o estrogênio, que pode promover o crescimento das células cancerígenas. A terapia endócrina busca bloquear a capacidade do corpo de produzir estrogênio ou a habilidade do estrogênio de promover o crescimento do câncer, oferecendo uma abordagem de tratamento menos tóxica em comparação com a quimioterapia tradicional. Abaixo, detalhamos os componentes e as inovações mais recentes nesta área.

Modalidades da Terapia Endócrina

1. **Inibidores da Aromatase**: Usados principalmente em mulheres pós-menopausa, os inibidores da aromatase (como letrozol, anastrozol e exemestano) funcionam reduzindo a quantidade de estrogênio produzido pelo corpo. Eles bloqueiam a enzima aromatase, responsável pela conversão de andrógenos (hormônios sexuais produzidos pelas glândulas suprarrenais) em estrogênio.
2. **Moduladores Seletivos do Receptor de Estrogênio (SERMs)**: Tamoxifeno é o exemplo mais conhecido desta categoria e funciona bloqueando os receptores de estrogênio nas células do câncer de mama, impedindo assim que o estrogênio se ligue a esses receptores. O tamoxifeno é eficaz tanto em mulheres pré quanto pós-menopausa.
3. **Antagonistas do Receptor de Estrogênio**: Fulvestranto é um exemplo que se liga aos receptores de estrogênio, levando à degradação do receptor e impedindo a ação do estrogênio. É usado em casos de câncer de mama avançado, especialmente após falha de outras terapias endócrinas.

Avanços Recentes em Terapia Endócrina

Combinação de Terapias Endócrinas com Inibidores de CDK4/6:

Uma das inovações mais significativas é a combinação de terapias endócrinas com inibidores de ciclinas dependentes de quinase 4 e 6 (CDK4/6), como palbociclib, ribociclib e abemaciclib. Esses medicamentos bloqueiam as proteínas CDK4 e CDK6, essenciais para a divisão celular. Quando usados em combinação com a terapia endócrina, eles têm mostrado melhorar significativamente a sobrevida livre de progressão em pacientes com câncer de mama avançado HR+/HER2-.

Terapias Alvo-dirigidas para Superar a Resistência:

Um desafio contínuo na terapia endócrina é a resistência ao tratamento, que pode ocorrer ao longo do tempo. A pesquisa está focada no desenvolvimento de novos agentes que podem superar essa resistência, seja por meio de novos moduladores hormonais ou pela combinação com outras terapias alvo-dirigidas.

Pesquisa em Biomarcadores:

A identificação de biomarcadores para prever a resposta à terapia endócrina é uma área de intensa pesquisa. Isso inclui o estudo de mutações genéticas e a expressão de proteínas que podem influenciar a eficácia do tratamento.

Conclusão

A terapia endócrina avançada continua a ser um componente crítico no tratamento do câncer de mama HR+, com avanços significativos que oferecem esperança para melhorar os resultados dos pacientes. A chave para o sucesso futuro nesta área reside na personalização do tratamento, identificando quais pacientes são mais propensos a se beneficiar de certas terapias e desenvolvendo novas estratégias para superar a resistência ao tratamento. À medida que a compreensão da biologia do câncer de mama se aprofunda, espera-se que novas terapias endócrinas e combinações de tratamento continuem a melhorar a sobrevida e a qualidade de vida dos pacientes com câncer de mama.

6.4 Tecnologia de Sequenciamento Genético

A tecnologia de sequenciamento genético no câncer de mama representa um avanço significativo na medicina personalizada, permitindo uma compreensão mais profunda da genética e da biologia molecular dos tumores individuais. Este avanço tecnológico possibilita a identificação de mutações genéticas específicas, variações na expressão gênica e outras alterações moleculares que podem influenciar o comportamento do câncer, sua resposta a tratamentos específicos e o prognóstico do paciente.

Vamos explorar em detalhes como o sequenciamento genético está sendo aplicado no contexto do câncer de mama, incluindo suas técnicas, aplicações e impacto no tratamento.

Técnicas de Sequenciamento Genético

Sequenciamento de Nova Geração (NGS): Também conhecido como sequenciamento de alto rendimento, o NGS permite o sequenciamento de milhões de fragmentos de DNA simultaneamente, oferecendo uma visão abrangente do genoma, transcriptoma ou exoma de um tumor. Esta técnica superou métodos anteriores de sequenciamento devido à sua alta eficiência, rapidez e custo relativamente baixo.

Sequenciamento do Exoma: Foca no sequenciamento de todas as regiões codificantes de proteínas do genoma (exoma), que representam cerca de 1% do genoma humano, mas contêm a maioria das variantes genéticas conhecidas por causar doenças.

Sequenciamento de Painéis de Genes: Sequencia seletivamente um conjunto específico de genes ou regiões genéticas de interesse, muitas vezes aqueles conhecidos por estarem associados ao câncer de mama ou a respostas a tratamentos específicos.

Aplicações no Câncer de Mama

Identificação de Alvos Terapêuticos:

O sequenciamento genético pode revelar mutações em genes específicos (como BRCA1, BRCA2, PIK3CA, HER2) que podem ser alvos de terapias alvo-dirigidas ou de imunoterapia, permitindo tratamentos mais personalizados e eficazes.

Avaliação de Risco e Prognóstico:

A presença de certas mutações genéticas pode ajudar a avaliar o risco de um indivíduo desenvolver câncer de mama ou outros cânceres, bem como fornecer informações sobre o prognóstico da doença.

Monitoramento da Doença:

O sequenciamento genético pode ser usado para detectar DNA tumoral circulante (ctDNA) no sangue, permitindo o monitoramento não invasivo da resposta ao tratamento e a detecção precoce de recidivas.

Desenvolvimento de Terapias Personalizadas:

A compreensão das alterações genéticas e moleculares específicas de um tumor pode levar ao desenvolvimento de novas terapias direcionadas às características únicas do câncer de um paciente.

Impacto no Tratamento do Câncer de Mama do Sequenciamento Genético

O uso do sequenciamento genético no câncer de mama tem um impacto profundo na forma como a doença é tratada, movendo-se em direção a uma abordagem mais personalizada. Pacientes com câncer de mama podem se beneficiar de tratamentos direcionados baseados em suas características genéticas específicas, potencialmente aumentando a eficácia do tratamento enquanto reduz os efeitos colaterais. Além disso, a capacidade de monitorar a doença mais de perto através de técnicas como a análise de ctDNA pode levar a intervenções mais oportunas e ajustes no regime de tratamento conforme necessário.

Desafios e Considerações Futuras

Apesar do potencial transformador do sequenciamento genético, existem desafios a serem superados, incluindo a interpretação de variantes genéticas de significado incerto, o alto custo e a acessibilidade das tecnologias de sequenciamento e a necessidade de diretrizes claras sobre como integrar essas informações na prática clínica. Além disso, a ética em torno do sequenciamento genético, incluindo questões de privacidade e consentimento, continua sendo uma área de debate significativo.

Em conclusão, o sequenciamento genético no câncer de mama está na vanguarda da medicina de precisão, oferecendo novas esperanças para tratamentos mais eficazes e personalizados.

À medida que a tecnologia avança e se torna mais acessível, espera-se que seu papel no diagnóstico, tratamento e monitoramento do câncer de mama continue a crescer, melhorando significativamente os resultados para os pacientes.

6.5 Terapia com Anticorpos Conjugados

A terapia com anticorpos conjugados (TAC) representa uma abordagem inovadora e altamente específica no tratamento do câncer de mama, combinando a especificidade dos anticorpos monoclonais com a potência de agentes citotóxicos, como drogas quimioterápicas ou radioisótopos. Essa estratégia visa fornecer um "cavalo de Troia" farmacológico, onde o anticorpo direciona o agente citotóxico especificamente para as células cancerígenas, minimizando os efeitos sobre as células saudáveis. Vamos explorar os detalhes dessa terapia, seu mecanismo de ação, exemplos relevantes e os desafios associados.

Mecanismo de Ação

Seleção do Anticorpo: O primeiro passo envolve a seleção de um anticorpo monoclonal que se liga a um antígeno específico expresso predominantemente ou exclusivamente nas células cancerígenas de mama. Este anticorpo serve como um veículo de entrega.

Conjugação com o Agente Citotóxico: O anticorpo é quimicamente ligado a uma molécula citotóxica potente. Essas moléculas podem ser quimioterápicos, toxinas ou radioisótopos. A ligação é feita de maneira a não comprometer a capacidade do anticorpo de se ligar ao seu antígeno-alvo.

Administração e Ligação: Após a administração no paciente, o anticorpo conjugado circula pelo corpo até encontrar e se ligar ao antígeno-alvo nas células cancerígenas.

Internalização e Liberação: Após a ligação ao antígeno, o complexo anticorpo-conjugado é internalizado pela célula cancerígena através de endocitose. Dentro da célula, o conjugado é processado, liberando o agente citotóxico que então exerce seu efeito letal, induzindo a morte da célula cancerígena.

Exemplos Relevantes

•**Trastuzumabe Deruxtecana (T-DXd)**: Um exemplo de destaque no tratamento do câncer de mama HER2-positivo. O trastuzumabe é um anticorpo monoclonal que se liga ao HER2, um receptor encontrado em excesso em alguns cânceres de mama. Deruxtecana é um agente quimioterápico citotóxico. A combinação visa células HER2-positivas, liberando o agente quimioterápico dentro delas, o que leva à sua morte.

•**Ado-Trastuzumabe Emtansina (T-DM1)**: Outro conjugado anticorpo-droga para câncer de mama HER2-positivo. Funciona de maneira semelhante ao T-DXd, mas com um diferente agente citotóxico (emtansina) conjugado ao trastuzumabe.

Desafios e Considerações

Seleção de Pacientes: A eficácia da TAC depende da expressão do antígeno-alvo pelas células cancerígenas, requerendo testes diagnósticos precisos para identificar pacientes elegíveis.

Resistência ao Tratamento: Assim como outras formas de terapia, o desenvolvimento de resistência é um desafio. A pesquisa está focada em entender os mecanismos de resistência e desenvolver estratégias para superá-los.

Toxicidade: Apesar da maior especificidade, a TAC pode ainda apresentar toxicidade, especialmente relacionada ao agente citotóxico. O manejo desses efeitos colaterais é crucial para o bem-estar do paciente.

Conclusão

A terapia com anticorpos conjugados no tratamento do câncer de mama representa um avanço significativo, oferecendo tratamentos mais direcionados e potencialmente menos tóxicos. À medida que a pesquisa avança, novos conjugados estão sendo desenvolvidos para uma gama mais ampla de alvos moleculares, prometendo expandir as opções de tratamento para diferentes subtipos de câncer de mama. A combinação de TAC com outras terapias, como a imunoterapia e a terapia alvo-dirigida, pode oferecer abordagens ainda mais eficazes e personalizadas para o tratamento do câncer de mama.

6.6 Radioterapia de Precisão e Técnicas Cirúrgicas Minimamente Invasivas

A evolução da radioterapia de precisão e o desenvolvimento de técnicas cirúrgicas minimamente invasivas representam importantes avanços no tratamento do câncer, incluindo o câncer de mama. Estas inovações têm como objetivo melhorar a eficácia do tratamento, minimizar os efeitos colaterais e acelerar a recuperação dos pacientes. Vamos explorar em detalhes esses avanços.

Radioterapia de Precisão

Radioterapia Intraoperatória (IORT): Uma das inovações mais significativas na radioterapia de precisão é a IORT. Esta técnica envolve a aplicação de radiação diretamente no leito tumoral durante a cirurgia, imediatamente após a remoção do tumor. A IORT tem várias vantagens em comparação com a radioterapia externa convencional, que geralmente é administrada em várias sessões ao longo de semanas após a cirurgia.

Vantagens da IORT:

Precisão: Ao aplicar radiação diretamente ao local da cirurgia, os tecidos circundantes saudáveis são melhor protegidos, reduzindo os efeitos colaterais.

Conveniência: Reduz a necessidade de múltiplas visitas para radioterapia pós-operatória, o que pode ser particularmente benéfico para pacientes que vivem longe dos centros de tratamento.

Eficácia: A IORT permite uma dose concentrada de radiação, o que pode ser mais eficaz em destruir quaisquer células cancerígenas residuais.

Técnicas Cirúrgicas Minimamente Invasivas

Cirurgia Laparoscópica e Robótica: As técnicas cirúrgicas minimamente invasivas, incluindo a cirurgia laparoscópica e a cirurgia assistida por robôs, estão transformando o tratamento cirúrgico do câncer de mama e outros cânceres. Essas técnicas utilizam pequenas incisões, através das quais instrumentos cirúrgicos e uma câmera são inseridos para realizar o procedimento.

Vantagens:

Menos Traumático: As pequenas incisões são menos traumáticas para o paciente, resultando em menos dor pós-operatória e uma recuperação mais rápida.

Redução de Complicações: A precisão dessas técnicas pode reduzir o risco de complicações associadas a cirurgias mais invasivas.

Estadia Hospitalar Reduzida: Os pacientes frequentemente têm alta mais cedo, comparado aos procedimentos cirúrgicos tradicionais.

Cirurgia Robótica: A cirurgia assistida por robôs, uma subcategoria das técnicas minimamente invasivas, utiliza sistemas robóticos controlados pelo cirurgião para realizar procedimentos com precisão excepcional. O sistema robótico proporciona uma visão tridimensional ampliada do local da cirurgia e permite movimentos cirúrgicos mais precisos e controlados do que seria possível com técnicas manuais.

Aplicações: Embora a cirurgia robótica esteja mais estabelecida em áreas como a urologia e ginecologia, sua aplicação em cirurgias de câncer de mama está crescendo, incluindo procedimentos para a remoção de tumores e reconstrução mamária.

Desafios e Considerações Futuras

Apesar de seus muitos benefícios, tanto a IORT quanto as técnicas cirúrgicas minimamente invasivas enfrentam desafios, incluindo a necessidade de treinamento especializado para os cirurgiões e a disponibilidade limitada de equipamentos em alguns centros de tratamento. Além disso, a seleção adequada de pacientes é crucial para maximizar os benefícios dessas abordagens.

À medida que a tecnologia avança e a experiência com essas técnicas cresce, é provável que sua aplicação se expanda, oferecendo a mais pacientes opções de tratamento que são ao mesmo tempo eficazes e orientadas para a preservação da qualidade de vida. A integração dessas inovações em protocolos de tratamento padrão requer estudos contínuos para otimizar suas aplicações e maximizar os benefícios para os pacientes com câncer de mama e outras neoplasias.

6.7 Terapias Baseadas em RNA

As terapias baseadas em RNA representam uma fronteira emergente no tratamento do câncer de mama, oferecendo novas possibilidades para o desenvolvimento de tratamentos mais específicos e menos tóxicos. Essas terapias utilizam várias formas de RNA para interferir na expressão gênica das células cancerígenas, visando inibir o crescimento tumoral, induzir a morte celular ou estimular uma resposta imunológica contra o tumor. Vamos explorar em detalhes os mecanismos, tipos e desafios associados às terapias baseadas em RNA no contexto do câncer de mama.

Mecanismos de Ação

As terapias baseadas em RNA atuam em diferentes níveis da expressão gênica e do processamento do RNA para exercer seus efeitos antitumorais:

Interferência do RNA (RNAi): Utiliza pequenos RNAs interferentes (siRNA) ou microRNAs (miRNA) para silenciar genes específicos envolvidos na progressão do câncer. Ao se ligarem a sequências complementares de mRNA, esses pequenos RNAs podem promover a degradação do mRNA alvo ou inibir sua tradução, reduzindo a produção de proteínas que promovem o crescimento e a sobrevivência das células tumorais.

RNA Antissenso: São moléculas de RNA sintéticas que se ligam a sequências específicas de mRNA, impedindo sua tradução em proteínas. Essa abordagem pode ser utilizada para reduzir a expressão de genes que contribuem para a malignidade do câncer de mama.

Vacinas de RNA: Utilizam RNA mensageiro (mRNA) para codificar antígenos tumorais específicos. Quando administradas ao paciente, essas vacinas são capturadas por células apresentadoras de antígenos, levando à produção dos antígenos tumorais e à ativação de uma resposta imunológica direcionada contra as células cancerígenas.

Tipos de Terapias Baseadas em RNA

Terapias de Silenciamento Gênico: Envolvem o uso de siRNA ou miRNA para silenciar genes específicos associados à progressão do câncer de mama. Essas terapias estão sendo investigadas para alvos como o HER2, um gene que pode ser superexpresso em alguns tipos de câncer de mama e contribuir para a agressividade do tumor.

Vacinas de mRNA: Representam uma abordagem promissora para a imunoterapia do câncer de mama, especialmente para subtipos de difícil tratamento, como o câncer de mama triplo-negativo. Essas vacinas podem ser projetadas para induzir respostas imunes contra uma ampla gama de antígenos tumorais, potencialmente melhorando a eficácia do tratamento.

Desafios e Perspectivas Futuras

Apesar do potencial terapêutico, as terapias baseadas em RNA enfrentam vários desafios que precisam ser superados para sua efetiva implementação clínica:

Entrega Eficiente: Um dos principais obstáculos é o desenvolvimento de sistemas de entrega que possam proteger as moléculas de RNA da degradação no corpo e direcioná-las especificamente para as células tumorais.

Especificidade e Redução de Efeitos Colaterais: As terapias devem ser altamente específicas para os alvos tumorais para minimizar os efeitos sobre células saudáveis e reduzir o potencial de toxicidade.

Resposta Imune: O sistema imunológico pode reconhecer

as moléculas de RNA introduzidas como estranhas e montar uma resposta imune contra elas, o que pode limitar sua eficácia e segurança.

O desenvolvimento de terapias baseadas em RNA para o câncer de mama está em um estágio inicial, mas os avanços na tecnologia de RNA e na compreensão da biologia do câncer estão abrindo novos caminhos para tratamentos mais eficazes e personalizados. À medida que esses desafios forem superados, é provável que as terapias baseadas em RNA se tornem uma parte importante do arsenal contra o câncer de mama, oferecendo esperança para pacientes com tipos de câncer de difícil tratamento e melhorando os resultados clínicos.

Parte IV: Custo de Medicamentos e Tratamentos dos Cânceres de Mama

Capítulo 7: O Custo dos Medicamentos

O tratamento do câncer de mama envolve uma combinação de cirurgia, radioterapia, quimioterapia, terapia hormonal e terapias alvo-dirigidas, dependendo do estágio e do tipo do câncer. Nos últimos anos, o desenvolvimento de terapias alvo-dirigidas e imunoterapias revolucionou o tratamento do câncer de mama, oferecendo novas esperanças para pacientes com formas avançadas da doença. No entanto, esses avanços vieram acompanhados de custos significativamente altos, levantando preocupações sobre a acessibilidade e a sustentabilidade dos sistemas de saúde.

Para uma análise abrangente dos custos associados aos medicamentos e tratamentos para o câncer de mama, é crucial considerar uma variedade de fatores que influenciam esses custos. Estes incluem a localização geográfica, políticas de saúde pública, cobertura de seguro e inovações no desenvolvimento de medicamentos.

Fatores Influenciadores dos Custos de Tratamento do Câncer de Mama

1. Localização Geográfica

- **Variações Regionais nos Custos de Tratamento**: Os custos podem variar significativamente de um país para outro e até mesmo dentro de diferentes regiões do mesmo país. Isso pode ser devido a diferenças nos preços dos medicamentos, custos de mão de obra médica e infraestrutura hospitalar.
- **Acesso a Medicamentos**: A disponibilidade de medicamentos específicos para o câncer de mama também pode variar, influenciando os custos diretos e indiretos do tratamento.

2. Políticas de Saúde Pública

- **Programas Nacionais de Saúde**: Países com sistemas de saúde universal tendem a ter custos diretos mais baixos para os pacientes, mas isso pode ser compensado por impostos mais altos.

Políticas de saúde pública que promovem o rastreamento e a prevenção também podem influenciar os custos gerais do tratamento do câncer de mama.

•Regulação de Preços de Medicamentos: A forma como um governo regula os preços dos medicamentos pode ter um impacto significativo nos custos para os pacientes e sistemas de saúde.

3. Cobertura de Seguro

•Seguro Privado vs. Público: A extensão da cobertura de seguro, seja privado ou público, afeta significativamente os custos out-of-pocket para os pacientes. Políticas de seguro que cobrem uma ampla gama de tratamentos, incluindo medicamentos de última geração, podem reduzir o ônus financeiro sobre os pacientes.

•Limitações e Copagamentos: As limitações da cobertura de seguro, incluindo copagamentos e franquias, também são fatores críticos que afetam o custo total do tratamento para os pacientes.

4. Inovações no Desenvolvimento de Medicamentos

•Custos de Pesquisa e Desenvolvimento: O desenvolvimento de novos medicamentos para o câncer de mama é um processo longo e custoso, que frequentemente se reflete nos preços elevados dos medicamentos de última geração.

•Terapias Personalizadas e Alvo-Dirigidas: Embora ofereçam a promessa de tratamentos mais eficazes e menos tóxicos, as terapias personalizadas e alvo-dirigidas geralmente vêm com custos significativamente mais altos.

•Imunoterapias e Tratamentos Inovadores: Novas abordagens de tratamento, como a imunoterapia, estão mudando o panorama do tratamento do câncer de mama, mas também apresentam desafios em termos de custo e acesso.

A análise dos custos de medicamentos e tratamentos para o câncer de mama revela uma complexa interação de fatores que vão além dos preços dos medicamentos. Para pacientes e famílias, entender esses fatores pode ajudar na navegação do sistema de saúde e na busca por opções de tratamento acessíveis. Além disso, para formuladores de políticas e profissionais de saúde, uma compreensão profunda dessas variáveis é crucial para desenvolver estratégias que melhorem o acesso ao tratamento e controlem os custos, garantindo que os avanços no tratamento do câncer de mama beneficiem todos os pacientes, independentemente de sua localização geográfica ou situação econômica.

Custos de Medicamentos Convencionais

Os medicamentos convencionais para o tratamento do câncer de mama, como a quimioterapia, têm um custo variável, dependendo do regime específico e da duração do tratamento. Por exemplo, um ciclo de quimioterapia pode custar de alguns milhares a dezenas de milhares de reais no Brasil, com tratamentos que podem se estender por vários meses. A terapia hormonal, utilizada principalmente para cânceres de mama que são positivos para receptores hormonais, também representa um custo contínuo, que pode se estender por cinco a dez anos, embora geralmente seja menos dispendiosa em comparação com a quimioterapia e as terapias alvo-dirigidas.

Custos de Terapias Alvo-dirigidas e Imunoterapias

As terapias alvo-dirigidas e as imunoterapias, que são mais específicas e, muitas vezes, mais eficazes que os tratamentos convencionais, têm custos significativamente mais altos. Por exemplo, o trastuzumabe (Herceptin), um anticorpo monoclonal usado para tratar cânceres de mama HER2-positivos, pode custar mais de R$ 10.000 por mês, com tratamentos que podem durar um ano ou mais. Outros medicamentos, como o pertuzumabe (Perjeta) e o ado-trastuzumabe emtansina (Kadcyla), também têm preços elevados, podendo aumentar ainda mais o custo do tratamento. A terapia com inibidores de CDK4/6, uma classe de medicamentos usada para tratar cânceres de mama avançados ou metastáticos HR+/HER2-, como o palbociclibe (Ibrance), ribociclibe (Kisqali) e abemaciclibe (Verzenio), pode custar mais de R$ 20.000 por mês. Esses medicamentos, muitas vezes, são prescritos por períodos prolongados, aumentando o custo total do tratamento. Em uma outra fonte de pesquisa de preços comparando preços de alguns países chegamos a outros valores:

Hormonioterapia

•**Tamoxifeno**: O custo pode variar de cerca de $50 a $200 por mês para o tratamento, dependendo se a versão genérica ou de marca é utilizada.

•**Inibidores da Aromatase (como letrozol, anastrozol, exemestano)**: Os custos mensais podem variar de $100 a mais de $500, com os genéricos sendo geralmente mais acessíveis.

Terapias Alvo-Dirigidas

•**Trastuzumabe (Herceptin)**: O custo do tratamento anual pode variar significativamente, chegando a $50.000 a $70.000 ou mais, dependendo da duração do tratamento.

•**Inibidores de CDK4/6 (como palbociclibe, ribociclibe, abemaciclibe)**: Estes podem custar entre $10.000 a $15.000 por mês.

Imunoterapia

•**Pembrolizumabe (Keytruda) e Atezolizumabe (Tecentriq)**: O custo para estes tratamentos pode variar amplamente, mas geralmente está na faixa de $10.000 a $13.000 por mês.

Impacto Econômico

O alto custo dos medicamentos para o tratamento do câncer de mama tem um impacto significativo tanto para os sistemas de saúde quanto para os pacientes. Muitos pacientes enfrentam dificuldades financeiras devido ao custo dos tratamentos, especialmente em países onde o acesso a seguros de saúde é limitado ou onde os sistemas de saúde não cobrem integralmente esses tratamentos. Isso pode levar a situações em que pacientes precisam interromper ou modificar seus tratamentos devido a restrições financeiras.

Estratégias para Redução de Custos

Para enfrentar o desafio dos altos custos dos medicamentos para o câncer de mama, algumas estratégias têm sido propostas e implementadas, incluindo a negociação de preços entre governos e fabricantes de medicamentos, o uso de medicamentos genéricos e biossimilares, e programas de assistência ao paciente oferecidos por fabricantes de medicamentos. Além disso, a análise de custo-efetividade tornou-se uma ferramenta importante para os sistemas de saúde na decisão de quais tratamentos devem ser disponibilizados, considerando tanto a eficácia do tratamento quanto o seu custo.

Conclusão

O custo dos medicamentos para o tratamento do câncer de mama continua a ser um desafio significativo para pacientes e sistemas de saúde em todo o mundo. Embora os avanços no tratamento do câncer de mama tenham melhorado significativamente as perspectivas para muitos pacientes, é crucial encontrar um equilíbrio entre o fornecimento de tratamentos eficazes e a manutenção da sustentabilidade financeira dos sistemas de saúde e da acessibilidade para os pacientes. A colaboração entre governos, indústria farmacêutica, sistemas de saúde e comunidades de pacientes é essencial para desenvolver soluções que garantam o acesso a tratamentos salvadores de vidas de maneira equitativa.

7.1 Pesquisa e Desenvolvimento

O processo de pesquisa e desenvolvimento (P&D) de novos medicamentos para o câncer de mama é longo, complexo e dispendioso. Desde a descoberta inicial até a aprovação regulatória, o desenvolvimento de um novo medicamento pode levar mais de uma década e custar bilhões de dólares. Esse alto custo é atribuído a várias etapas, incluindo pesquisa básica, testes pré-clínicos, ensaios clínicos em humanos e processos regulatórios.

A pesquisa básica envolve a identificação de alvos moleculares, o desenho e a triagem de compostos promissores. Os testes pré-clínicos avaliam a segurança e a eficácia dos medicamentos em modelos celulares e animais. Os ensaios clínicos, que são conduzidos em várias fases, avaliam a segurança, a dosagem ideal e a eficácia dos medicamentos em pacientes humanos. Cada fase dos ensaios clínicos requer recursos significativos, incluindo recrutamento de pacientes, coleta e análise de dados e monitoramento de segurança.

Além dos custos diretos de P&D, as empresas farmacêuticas também consideram o custo de oportunidade de investir em um medicamento específico em relação a outros projetos potenciais. O risco de falha durante o processo de desenvolvimento é alto, com muitos compostos promissores não chegando ao mercado devido a preocupações de segurança ou eficácia.

Para recuperar esses custos e gerar lucro, as empresas farmacêuticas geralmente estabelecem preços altos para novos medicamentos contra o câncer de mama. No entanto, há um debate em andamento sobre se os preços dos medicamentos refletem verdadeiramente os custos de P&D ou são impulsionados pela maximização dos lucros. Alguns argumentam que os altos preços dos medicamentos são necessários para incentivar a inovação, enquanto outros defendem uma maior transparência e regulamentação dos preços dos medicamentos.

O campo da pesquisa e desenvolvimento (P&D) em câncer de mama tem visto avanços significativos nos últimos anos, impulsionados por uma combinação de inovações tecnológicas, compreensão molecular aprofundada da doença e colaborações internacionais. Os Estados Unidos, países da União Europeia, China e Canadá estão entre os líderes em pesquisa e desenvolvimento relacionados ao câncer de mama, contribuindo com descobertas significativas, tratamentos inovadores e políticas de saúde pública para combater esta doença.

Estados Unidos

Nos Estados Unidos, instituições como o National Cancer Institute (NCI), universidades de pesquisa e empresas biofarmacêuticas estão na vanguarda da pesquisa em câncer de mama. O NCI financia e conduz uma vasta gama de pesquisas, desde estudos básicos sobre a biologia do câncer de mama até ensaios clínicos que testam novos tratamentos. Além disso, iniciativas como o Precision Medicine Initiative e o Cancer Moonshot visam acelerar a pesquisa em câncer, melhorar a detecção precoce e desenvolver terapias mais eficazes e personalizadas.

União Europeia

Na União Europeia, programas como o Horizon 2020 e seu sucessor, Horizon Europe, financiam projetos de pesquisa inovadores em câncer de mama, promovendo a colaboração transnacional entre acadêmicos, instituições de pesquisa e a indústria. Países como o Reino Unido, Alemanha e França lideram em termos de publicações científicas e ensaios clínicos em câncer de mama, com ênfase em terapias alvo-dirigidas, imunoterapia e compreensão dos mecanismos de resistência ao tratamento.

China

A China tem emergido rapidamente como um líder global em pesquisa e desenvolvimento em câncer de mama, impulsionada por investimentos significativos em P&D e uma estratégia nacional para avançar na biotecnologia e medicina. Instituições chinesas estão conduzindo pesquisas pioneiras em genômica do câncer de mama e desenvolvimento de novos medicamentos, muitas vezes em colaboração com parceiros internacionais. A China também está expandindo sua capacidade em ensaios clínicos, contribuindo para a avaliação global de novas terapias.

Canadá

O Canadá é reconhecido por sua pesquisa de alta qualidade em câncer de mama, com foco em epidemiologia, genética do câncer e desenvolvimento de novas terapias. Instituições como o Canadian Cancer Society e o Terry Fox Research Institute desempenham papéis cruciais no financiamento da pesquisa em câncer de mama. O Canadá também é líder em iniciativas de saúde pública para rastreamento e prevenção do câncer de mama.

Avanços Recentes em Pesquisa e Desenvolvimento

•**Terapias Alvo-Dirigidas e Personalizadas**: A identificação de biomarcadores específicos e vias moleculares no câncer de mama tem levado ao desenvolvimento de terapias alvo-dirigidas, como inibidores de CDK4/6 e terapias anti-HER2, oferecendo tratamentos mais eficazes e com menos efeitos colaterais.

•**Imunoterapia**: Embora o câncer de mama não tenha sido tradicionalmente considerado imunogênico, recentes avanços na imunoterapia mostraram promessa, especialmente para subtipos agressivos como o câncer de mama triplo-negativo.

•**Tecnologia CRISPR-Cas9**: A edição genética oferece novas oportunidades para entender a genética do câncer de mama e desenvolver terapias genéticas direcionadas.

•**Inteligência Artificial (IA) e Big Data**: A aplicação de IA na análise de grandes conjuntos de dados de saúde está melhorando a detecção precoce do câncer de mama, a personalização do tratamento e a previsão de desfechos.

Desafios e Oportunidades Futuras

Apesar dos avanços, desafios permanecem, incluindo a necessidade de tratamentos mais eficazes para subtipos de câncer de mama resistentes ao tratamento, reduzindo a toxicidade dos tratamentos atuais e abordando as disparidades no acesso ao cuidado e tratamento. A colaboração internacional e o financiamento contínuo para a pesquisa são essenciais para superar esses desafios e continuar o progresso contra o câncer de mama.

Em resumo, a pesquisa e desenvolvimento em câncer de mama estão em um ponto de inflexão, com avanços significativos sendo feitos em compreensão molecular, diagnóstico e tratamento. A colaboração global e o investimento em pesquisa são fundamentais para aproveitar as oportunidades emergentes e transformar a luta contra o câncer de mama.

7.2 Patentes, genéricos e biossimilares

As patentes, medicamentos genéricos e biossimilares desempenham papéis fundamentais no tratamento do câncer de mama, influenciando a inovação, o acesso e a sustentabilidade dos sistemas de saúde. A dinâmica entre esses elementos varia significativamente entre os países, devido às diferenças nas leis de patentes, regulamentações de medicamentos e políticas de saúde.

Patentes de Medicamentos

As patentes são essenciais para o desenvolvimento de novos medicamentos, incluindo aqueles para o tratamento do câncer de mama. Elas fornecem aos inventores direitos exclusivos de comercialização por um período limitado, geralmente 20 anos a partir da data de depósito da patente. Este monopólio temporário permite que as empresas farmacêuticas recuperem os custos associados à pesquisa e desenvolvimento (P&D), testes clínicos e aprovação regulatória. Medicamentos inovadores como o Trastuzumabe (Herceptin), utilizado no tratamento de câncer de mama HER2-positivo, são exemplos de produtos que foram inicialmente protegidos por patentes, permitindo recuperação de investimentos e lucros para o desenvolvimento futuro.

Medicamentos Genéricos

Medicamentos genéricos são versões de medicamentos de marca cujas patentes expiraram. Eles contêm o mesmo princípio ativo, são farmacologicamente equivalentes ao produto original e são fabricados sob os mesmos padrões de qualidade. Os genéricos geralmente entram no mercado a um preço significativamente mais baixo, aumentando o acesso ao tratamento. No contexto do câncer de mama, medicamentos como o Tamoxifeno têm versões genéricas amplamente disponíveis após a expiração da patente, oferecendo uma opção de tratamento mais acessível para pacientes.

Medicamentos Biossimilares

Os biossimilares são versões de medicamentos biológicos de marca (produtos bioterapêuticos) cuja proteção de patente expirou. Diferentemente dos genéricos, que são idênticos aos seus produtos de referência, os biossimilares são "similares" mas não exatamente idênticos devido à complexidade dos organismos vivos usados em sua produção. Os biossimilares passam por um rigoroso processo de aprovação que demonstra sua similaridade em termos de segurança, eficácia e qualidade. No tratamento do câncer de mama, biossimilares do Trastuzumabe oferecem alternativas mais acessíveis ao Herceptin original.

Regulamentação Internacional

A regulamentação sobre patentes, medicamentos genéricos e biossimilares varia entre os países, afetando a disponibilidade e o custo dos tratamentos para o câncer de mama.

•**Estados Unidos**: A FDA (Food and Drug Administration) supervisiona a aprovação de medicamentos genéricos e biossimilares. A Lei Hatch-Waxman facilitou a entrada de genéricos no mercado, enquanto a Lei de Preços Competitivos e Inovação em Produtos Biológicos de 2009 estabeleceu um caminho para a aprovação de biossimilares. Ambas as leis visam equilibrar a inovação com o acesso a medicamentos a preços acessíveis.

•**União Europeia**: A EMA (Agência Europeia de Medicamentos) é responsável pela avaliação e aprovação de medicamentos genéricos e biossimilares. A UE tem sido pioneira na regulamentação de biossimilares, com o primeiro biossimilar aprovado em 2006. As diretrizes da UE enfatizam a necessidade de demonstrar similaridade com o produto de referência através de estudos comparativos.

•**Índia**: A Índia tem uma abordagem proativa em relação aos genéricos, com políticas que incentivam sua produção e uso.

A Índia também adotou diretrizes para a aprovação de biossimilares, promovendo o acesso a tratamentos biológicos a preços mais acessíveis. A legislação de patentes na Índia é notável por permitir certas flexibilidades, como licenças compulsórias, para garantir o acesso a medicamentos essenciais.

•**Brasil**: A ANVISA (Agência Nacional de Vigilância Sanitária) regula a aprovação de medicamentos genéricos e biossimilares no Brasil. O país tem políticas robustas para promover o uso de genéricos, melhorando o acesso a medicamentos. Os biossimilares seguem um caminho regulatório específico que garante sua comparabilidade com os produtos de referência.

Exemplo Prático

Um exemplo ilustrativo da transição de medicamentos patenteados para genéricos e biossimilares é o Trastuzumabe. Após a expiração da patente do Herceptin, vários biossimilares foram aprovados globalmente, oferecendo alternativas mais acessíveis para o tratamento do câncer de mama HER2-positivo. A disponibilidade desses biossimilares varia entre os países, dependendo de fatores como regulamentações locais, políticas de saúde e acordos de preços.

Conclusão

As patentes, medicamentos genéricos e biossimilares são componentes essenciais no tratamento do câncer de mama, influenciando tanto a inovação quanto o acesso ao tratamento. Enquanto as patentes incentivam o desenvolvimento de novas terapias, os genéricos e biossimilares garantem que tratamentos mais acessíveis estejam disponíveis após a expiração dessas patentes. A regulamentação governamental é crucial para equilibrar esses interesses, garantindo que os pacientes tenham acesso a tratamentos eficazes e acessíveis, enquanto se mantém o incentivo para a inovação contínua.

No entanto, algumas estratégias podem atrasar a entrada de medicamentos genéricos no mercado. Por exemplo, as empresas farmacêuticas podem fazer pequenas modificações em um medicamento (conhecidas como "evergreening") para estender a proteção da patente. Além disso, acordos "pay-for-delay" entre empresas farmacêuticas de marca e genéricos podem atrasar a disponibilidade de alternativas genéricas.

Esforços têm sido feitos para promover a disponibilidade de medicamentos genéricos, como a Lei Hatch-Waxman nos Estados Unidos, que fornece incentivos para a entrada de genéricos no mercado. No entanto, para muitos novos medicamentos direcionados contra o câncer de mama, pode levar anos após a aprovação inicial para que as alternativas genéricas se tornem disponíveis, mantendo os preços altos nesse ínterim.

Capítulo 8: Acesso aos Medicamentos

O acesso a medicamentos para o tratamento do câncer de mama, tanto tradicionais quanto modernos, varia significativamente em todo o mundo, refletindo disparidades econômicas, regulatórias e de infraestrutura entre os países e, muitas vezes, dentro deles. No Brasil, esforços têm sido feitos para melhorar o acesso a tratamentos oncológicos por meio do Sistema Único de Saúde (SUS), mas desafios persistem. A nível global, a situação é ainda mais complexa, com países de baixa e média renda enfrentando obstáculos significativos para fornecer acesso a terapias avançadas.

Acesso no Brasil

No Brasil, o SUS oferece uma gama de tratamentos para câncer de mama, incluindo cirurgias, radioterapia, quimioterapia convencional e alguns medicamentos biológicos. O país tem políticas para incorporação de medicamentos e tecnologias baseadas em evidências de eficácia e custo-efetividade, o que inclui negociações de preços com fabricantes para garantir o acesso a tratamentos mais modernos. Apesar desses esforços, desafios como a demora na incorporação de novos tratamentos, a variabilidade no acesso entre diferentes regiões e a capacidade limitada de alguns centros de tratamento podem comprometer a qualidade e a igualdade do cuidado.

Acesso Global

Globalmente, o acesso a tratamentos para o câncer de mama varia drasticamente. Países de alta renda tendem a ter acesso mais amplo a terapias inovadoras, incluindo medicamentos alvo-dirigidos e imunoterapias, graças a sistemas de saúde mais robustos e programas de seguro que cobrem tais tratamentos. Em contraste, países de baixa e média renda enfrentam barreiras significativas, incluindo custos proibitivos de medicamentos, falta de infraestrutura de saúde e escassez de profissionais de saúde especializados.

8.1 Estratégias para Melhorar o Acesso

Para melhorar o acesso aos tratamentos do câncer de mama de maneira mais igualitária, várias estratégias podem ser adotadas:

•**Negociações de Preços e Compras Conjuntas**: Países podem negociar diretamente com fabricantes para obter preços mais baixos para medicamentos de alto custo ou participar de compras conjuntas, como as facilitadas pela Organização Pan-Americana da Saúde (OPAS), para reduzir os preços.

•**Licenças Compulsórias**: Em situações onde o preço de medicamentos patenteados é um obstáculo ao acesso, países podem recorrer a licenças compulsórias, permitindo a produção de genéricos sem o consentimento do titular da patente, sob certas condições.

•**Expansão de Programas de Saúde Pública**: Investir na expansão e no fortalecimento dos sistemas de saúde, incluindo o aumento da capacidade de diagnóstico e tratamento, é fundamental para garantir o acesso universal aos cuidados de saúde.

•**Parcerias Público-Privadas**: Parcerias entre governos, organizações não governamentais e o setor privado podem facilitar o acesso a medicamentos e tecnologias, por meio de financiamento compartilhado, pesquisa e desenvolvimento colaborativo.

•**Apoio Internacional**: Organizações internacionais e países de alta renda podem apoiar países de baixa e média renda por meio de assistência financeira, transferência de tecnologia e capacitação de profissionais de saúde.

•**Incorporação de Medicamentos Genéricos e Biossimilares**: Promover o uso de genéricos e biossimilares pode ajudar a reduzir os custos dos tratamentos, tornando-os mais acessíveis.

O acesso equitativo aos tratamentos para o câncer de mama requer uma abordagem multifacetada que aborde tanto as barreiras econômicas quanto as estruturais. No Brasil e em todo o mundo, é crucial que políticas e iniciativas sejam direcionadas não apenas para a incorporação de novas terapias, mas também para a construção de sistemas de saúde resilientes e acessíveis. A colaboração internacional, juntamente com políticas nacionais focadas na sustentabilidade e na equidade, são fundamentais para avançar nesse objetivo, garantindo que todos os pacientes com câncer de mama tenham acesso aos cuidados de que necessitam.

8.1 Políticas Públicas de Saúde

As políticas públicas de saúde desempenham um papel crucial na determinação do acesso aos medicamentos para o câncer de mama. Os governos podem influenciar a disponibilidade e a acessibilidade dos tratamentos por meio de várias alavancas, incluindo:

Cobertura e reembolso

A cobertura e o reembolso de tratamentos para o câncer de mama são aspectos fundamentais das políticas públicas de saúde, refletindo diretamente na acessibilidade e na qualidade do cuidado oferecido aos pacientes. Esses mecanismos são projetados para garantir que os pacientes tenham acesso aos tratamentos necessários sem enfrentar dificuldades financeiras significativas. No entanto, a implementação e eficácia dessas políticas podem variar amplamente entre diferentes países e sistemas de saúde. Vamos explorar com mais detalhes os aspectos relacionados à cobertura e ao reembolso.

Variedade na Cobertura

A cobertura de tratamentos para o câncer de mama geralmente inclui uma gama de serviços médicos, como consultas médicas, exames de diagnóstico (mamografias, biópsias), cirurgias (mastectomia, reconstrução mamária), radioterapia, quimioterapia, terapias alvo e hormonioterapia. No entanto, a extensão da cobertura pode variar:

•**Sistemas Públicos de Saúde**: Em países com sistemas de saúde universais, como o Reino Unido (NHS) e o Brasil (SUS), a maioria dos tratamentos para o câncer de mama é coberta pelo governo. No entanto, pode haver limitações em relação à disponibilidade de certos medicamentos ou tratamentos mais novos e caros.

•**Seguros de Saúde Privados**: Em países com uma forte presença de seguros de saúde privados, como os Estados Unidos, a cobertura depende significativamente do plano de saúde contratado pelo indivíduo. Planos mais caros tendem a oferecer uma cobertura mais ampla, incluindo acesso a uma gama maior de tratamentos e especialistas.

Desafios no Reembolso

O processo de reembolso pode apresentar desafios significativos para os pacientes. Em sistemas onde o reembolso é necessário, os pacientes podem ter que adiantar os custos dos tratamentos e posteriormente solicitar o reembolso ao seguro ou ao sistema de saúde. Esse processo pode incluir:

•**Documentação Exaustiva**: Os pacientes muitas vezes precisam fornecer uma quantidade significativa de documentação para comprovar a necessidade e a realização dos tratamentos, o que pode ser um processo burocrático e demorado.

•**Atrasos no Reembolso**: Os atrasos no processamento dos reembolsos podem colocar uma pressão financeira adicional sobre os pacientes e suas famílias, especialmente para aqueles que já estão enfrentando dificuldades devido à doença.

•**Limitações de Cobertura**: Alguns tratamentos ou medicamentos podem ter cobertura limitada ou serem totalmente excluídos, forçando os pacientes a arcar com esses custos integralmente.

Estratégias para Melhoria

Para melhorar a cobertura e o reembolso de tratamentos para o câncer de mama, algumas estratégias podem ser adotadas:

•**Avaliação de Tecnologias em Saúde (ATS)**: Utilizar avaliações de tecnologias em saúde para basear decisões sobre quais tratamentos devem ser cobertos, considerando tanto a eficácia clínica quanto o custo-efetividade.

•**Políticas de Preço Máximo**: Implementar políticas que estabeleçam preços máximos para medicamentos e tratamentos, facilitando a inclusão desses na cobertura por sistemas de saúde e seguros.

•**Transparência e Simplificação**: Tornar os processos de reembolso mais transparentes e simplificados, reduzindo a burocracia e acelerando os reembolsos para os pacientes.

A cobertura e o reembolso são cruciais para garantir que os pacientes com câncer de mama tenham acesso ao melhor tratamento possível sem enfrentar obstáculos financeiros insuperáveis. Melhorias nessas áreas são fundamentais para aumentar a equidade no acesso aos cuidados de saúde e para apoiar os pacientes e suas famílias durante o tratamento.

Negociação de preços

A negociação de preços dos medicamentos é um aspecto crucial das políticas públicas de saúde, especialmente no contexto do tratamento do câncer de mama, onde os custos dos medicamentos podem ser extremamente altos. Essas negociações são fundamentais para tornar os tratamentos mais acessíveis e sustentáveis para os sistemas de saúde e para os pacientes. Vamos explorar com mais detalhes os aspectos relacionados à negociação de preços.

Estratégias de Negociação

- **Negociações Centralizadas**: Alguns países adotam uma abordagem de negociação centralizada, na qual o governo ou uma agência específica negocia os preços dos medicamentos em nome de todo o sistema de saúde. Isso pode levar a preços mais baixos devido ao poder de compra em larga escala.
- **Avaliação de Custo-Efetividade**: Muitas negociações de preços são informadas por avaliações de custo-efetividade, que comparam o custo de um novo medicamento com os benefícios clínicos que ele oferece em relação a tratamentos existentes. Medicamentos que oferecem melhorias significativas podem justificar preços mais altos, mas os pagadores estão cada vez mais exigindo evidências sólidas de benefício adicional.
- **Acordos de Risco Compartilhado**: Em alguns casos, os pagadores e as empresas farmacêuticas entram em acordos de risco compartilhado, onde o preço ou o reembolso depende dos resultados de saúde alcançados pelos pacientes no mundo real. Esses acordos podem ajudar a alinhar o custo dos medicamentos com seu valor real para os pacientes.

Desafios na Negociação

•**Transparência**: A falta de transparência nas negociações de preços pode ser um desafio, dificultando a compreensão de como os preços são estabelecidos e se eles refletem o valor real dos medicamentos.

•**Acesso a Medicamentos Inovadores**: Enquanto a negociação de preços visa tornar os medicamentos mais acessíveis, processos de negociação prolongados ou falhas em chegar a um acordo podem atrasar o acesso a novos tratamentos.

•**Diferenças Internacionais**: As discrepâncias nos preços dos medicamentos entre países podem criar desafios, especialmente em países com menor poder de negociação, que podem acabar pagando mais por medicamentos.

Políticas para Melhorar a Negociação de Preços

•**Cooperação Internacional**: Países podem cooperar em negociações de preços, aumentando seu poder de barganha com as empresas farmacêuticas. Iniciativas como a Beneluxa, uma colaboração entre Bélgica, Holanda, Luxemburgo, Áustria e Irlanda, são exemplos de esforços para negociar coletivamente os preços dos medicamentos.

•**Regulação de Preços**: Alguns países implementam sistemas de regulação de preços que estabelecem limites para o quanto os medicamentos podem custar, baseando-se em preços internacionais ou no valor terapêutico do medicamento.

•**Transparência e Participação Pública**: Aumentar a transparência nas negociações e envolver stakeholders, incluindo pacientes, pode ajudar a garantir que os preços dos medicamentos reflitam um equilíbrio entre acessibilidade, inovação e sustentabilidade financeira do sistema de saúde.

A negociação de preços é uma ferramenta essencial para controlar os custos dos medicamentos e garantir o acesso a tratamentos vitais. Ao equilibrar a necessidade de inovação com a sustentabilidade financeira, os sistemas de saúde podem melhorar o acesso a tratamentos eficazes para o câncer de mama, beneficiando pacientes em todo o mundo.

Políticas de propriedade intelectual: As leis e regulamentos de propriedade intelectual, como patentes e exclusividade de dados, podem afetar a disponibilidade e o preço dos medicamentos. Alguns países têm usado flexibilidades no Acordo TRIPS (Aspectos dos Direitos de Propriedade Intelectual Relacionados ao Comércio) da Organização Mundial do Comércio, como licenciamento compulsório, para melhorar o acesso a medicamentos essenciais.

Programas de assistência ao paciente

Os programas de assistência ao paciente desempenham um papel crucial no sistema de saúde, especialmente para aqueles que enfrentam doenças crônicas e de alto custo, como o câncer de mama. Esses programas são projetados para oferecer suporte financeiro e outros tipos de assistência a pacientes que podem não ter recursos suficientes para cobrir o custo total de seus tratamentos. Vamos explorar com mais detalhes os aspectos relacionados aos programas de assistência ao paciente.

Tipos de Assistência Oferecida

•**Assistência Financeira**: Muitos programas oferecem ajuda direta com os custos dos medicamentos, seja através da cobertura total ou parcial dos custos ou por meio de descontos significativos. Isso pode incluir medicamentos de prescrição, tratamentos de quimioterapia, terapias alvo e hormonioterapia.

•**Suporte para Despesas Não Médicas**: Além dos custos diretos com tratamentos, os pacientes com câncer de mama frequentemente enfrentam despesas não médicas relacionadas, como transporte para centros de tratamento, hospedagem (caso o tratamento seja longe de casa) e cuidados com crianças. Alguns programas oferecem reembolsos ou vouchers para ajudar a cobrir essas despesas.

•**Acesso a Medicamentos em Programas de Uso Compassivo**: Para medicamentos ainda não aprovados ou disponíveis no mercado, alguns programas de assistência ao paciente oferecem acesso através de programas de uso compassivo, permitindo que pacientes tenham acesso a tratamentos inovadores antes da aprovação formal.

Fontes de Programas de Assistência

•**Indústria Farmacêutica**: Muitas empresas farmacêuticas operam seus próprios programas de assistência ao paciente, oferecendo seus medicamentos gratuitamente ou a um custo reduzido para pacientes elegíveis. Esses programas geralmente são destinados a pacientes sem seguro de saúde suficiente ou que enfrentam dificuldades financeiras.

•**Organizações Sem Fins Lucrativos**: Diversas organizações sem fins lucrativos e fundações de caridade oferecem programas de assistência ao paciente, fornecendo suporte financeiro, recursos informativos e acesso a comunidades de suporte.

•**Programas Governamentais**: Alguns governos oferecem programas de assistência ao paciente como parte de seu sistema de saúde pública, visando garantir que todos os cidadãos tenham acesso aos cuidados de saúde de que necessitam, independentemente da capacidade de pagamento.

Desafios e Considerações

•**Elegibilidade e Acesso**: Um dos principais desafios dos programas de assistência ao paciente é garantir que eles sejam acessíveis a todos que precisam. Os critérios de elegibilidade podem ser restritivos, e a burocracia para acessar a assistência pode ser desanimadora.

•**Sustentabilidade**: A sustentabilidade de longo prazo desses programas é uma preocupação, especialmente à medida que os custos dos tratamentos continuam a aumentar. Isso pode levar a limitações nos recursos disponíveis e na quantidade de assistência que pode ser oferecida.

•Conscientização: Muitos pacientes e famílias podem não estar cientes da existência desses programas ou podem não saber como acessá-los. Aumentar a conscientização sobre esses recursos é fundamental para garantir que eles alcancem aqueles que mais precisam.

Melhorias Potenciais

•**Simplificação do Processo de Candidatura**: Tornar o processo de candidatura mais simples e menos burocrático pode ajudar mais pacientes a acessar a assistência de que necessitam.

•**Expansão dos Critérios de Elegibilidade**: Ampliar os critérios de elegibilidade pode permitir que uma gama maior de pacientes se beneficie dos programas.

•**Parcerias e Colaborações**: Fortalecer as parcerias entre governos, indústria farmacêutica, organizações sem fins lucrativos e outros stakeholders pode melhorar a oferta e a eficácia dos programas de assistência ao paciente.

Os programas de assistência ao paciente são essenciais para mitigar os desafios financeiros enfrentados por pacientes com câncer de mama, garantindo que eles tenham acesso aos tratamentos e suportes necessários para sua jornada de tratamento. A melhoria contínua desses programas é vital para atender às necessidades dos pacientes de maneira eficaz e compassiva.

8.2 O Papel das Organizações Não Governamentais

As Organizações Não Governamentais (ONGs) desempenham um papel fundamental na melhoria do acesso aos medicamentos para o câncer de mama, atuando em diversas frentes para superar os obstáculos que impedem os pacientes de receberem o tratamento adequado. Essas organizações trabalham não apenas para fornecer assistência direta aos pacientes, mas também para influenciar políticas públicas, promover a conscientização e apoiar a pesquisa e desenvolvimento. Vamos detalhar as principais frentes de atuação dessas organizações.

Assistência Direta ao Paciente

•**Programas de Assistência Financeira**: Muitas ONGs oferecem programas de assistência financeira para ajudar a cobrir os custos dos medicamentos e tratamentos para o câncer de mama. Isso pode incluir subsídios diretos, ajuda para a compra de medicamentos, ou apoio para despesas relacionadas ao tratamento, como transporte e hospedagem.

•**Acesso a Tratamentos Experimentais**: Algumas ONGs facilitam o acesso a tratamentos experimentais ou medicamentos ainda não aprovados por meio de programas de uso compassivo, especialmente para pacientes em estágios avançados da doença.
Exemplo Prático: Doação de Medicamentos pela Novartis

•A **Novartis**, uma gigante farmacêutica, implementou programas de doação de medicamentos inovadores para câncer de mama, como o ribociclibe, a países de baixa e média renda. Este medicamento é utilizado para o tratamento de câncer de mama avançado ou metastático em combinação com terapia endócrina. A iniciativa visa melhorar o acesso a tratamentos de ponta para pacientes que, de outra forma, não teriam condições de arcar com os custos.

Advocacia e Influência Política

•**Defesa de Políticas Públicas**: ONGs atuam na defesa de políticas públicas que visam melhorar o acesso aos medicamentos e tratamentos para o câncer de mama. Isso pode incluir pressionar por maior financiamento para a saúde, reformas na legislação de patentes para tornar os medicamentos mais acessíveis, e a implementação de políticas de preços de medicamentos que beneficiem os pacientes.

• **Campanhas de Conscientização**: Essas organizações também promovem campanhas de conscientização sobre o câncer de mama, enfatizando a importância do diagnóstico precoce e do acesso a tratamentos eficazes. Essas campanhas podem aumentar a conscientização pública e política sobre as necessidades dos pacientes.

Exemplo Prático: Campanha da Susan G. Komen

• A Susan G. Komen é uma das maiores e mais conhecidas ONGs focadas no câncer de mama nos Estados Unidos. Ela não só financia pesquisas sobre o câncer de mama, mas também realiza intensas atividades de advocacia para influenciar políticas públicas que melhorem o acesso ao diagnóstico precoce e tratamentos. A organização tem sido fundamental na promoção de legislações que garantem a cobertura de mamografias e outros serviços de diagnóstico por seguros de saúde.

Apoio à Pesquisa e Desenvolvimento

• **Financiamento para Pesquisa**: Algumas ONGs direcionam recursos para financiar pesquisas sobre o câncer de mama, buscando novos tratamentos e curas. Este apoio é vital para o avanço científico na luta contra o câncer de mama.

• **Parcerias com a Indústria Farmacêutica**: Por meio de parcerias com empresas farmacêuticas, ONGs podem influenciar o desenvolvimento de medicamentos, garantindo que as necessidades dos pacientes estejam no centro das iniciativas de pesquisa e desenvolvimento.

Exemplo Prático: Financiamento da Pesquisa pela Breast Cancer

Now

•A **Breast Cancer Now**, uma ONG do Reino Unido, dedica-se a financiar pesquisas científicas sobre o câncer de mama. A organização apoia estudos que visam entender melhor a biologia do câncer de mama, desenvolver novas terapias e melhorar as abordagens de tratamento. Por meio de seu financiamento, a Breast Cancer Now tem contribuído para avanços significativos no tratamento e na gestão do câncer de mama.

Educação e Suporte

•**Informação e Educação**: ONGs fornecem informações valiosas e recursos educacionais para pacientes, famílias e o público em geral sobre o câncer de mama, tratamentos disponíveis e direitos dos pacientes. Isso é crucial para empoderar os pacientes a tomar decisões informadas sobre seu tratamento.

•**Suporte Emocional e Psicológico**: O suporte emocional é uma componente crítica do cuidado ao paciente. Muitas ONGs oferecem grupos de apoio, aconselhamento e outras formas de suporte psicológico para pacientes e suas famílias.

Exemplo Prático: Programas de Suporte da Cancer Care

•**A Cancer Care** é uma ONG que oferece serviços gratuitos de suporte, informação e assistência financeira a pessoas afetadas pelo câncer, incluindo aqueles que enfrentam o câncer de mama. Eles fornecem aconselhamento individual, grupos de suporte liderados por assistentes sociais profissionais, workshops educacionais e publicações. Esses recursos são projetados para ajudar pacientes e suas famílias a lidar melhor com o diagnóstico e o tratamento do câncer.

Desafios e Oportunidades

As ONGs enfrentam desafios significativos, como a necessidade de financiamento sustentável e a capacidade de atender à demanda crescente por seus serviços. No entanto, elas também encontram oportunidades únicas para inovar na prestação de cuidados e na advocacia para os pacientes. A colaboração entre ONGs, governos, empresas farmacêuticas e outras partes interessadas é essencial para superar esses desafios e aproveitar as oportunidades para melhorar o acesso aos medicamentos e tratamentos para o câncer de mama.

Através desses exemplos, podemos ver o impacto significativo que as ONGs têm na luta contra o câncer de mama, desde a prestação de assistência direta até a influência em políticas públicas e o apoio à pesquisa. Essas organizações são fundamentais para garantir que os avanços no tratamento do câncer de mama sejam acessíveis a todos, independentemente de sua localização geográfica ou situação econômica.

Um relato verdadeiro: "Fato ocorrido, fato recorrente":

O acesso aos medicamentos e tratamentos para o câncer de mama no Brasil é um desafio complexo e multifacetado. O Sistema Único de Saúde (SUS), o sistema público de saúde do país, busca fornecer acesso universal e igualitário aos serviços de saúde, incluindo tratamentos oncológicos. No entanto, a incorporação de novos medicamentos, especialmente terapias inovadoras e de alto custo, como medicamentos biológicos, muitas vezes enfrenta atrasos significativos, o que pode afetar os resultados de saúde dos pacientes.

O trastuzumabe, um anticorpo monoclonal que tem como alvo o receptor HER2, foi o primeiro medicamento biológico aprovado para o tratamento do câncer de mama no Brasil. Ele foi registrado pela Agência Nacional de Vigilância Sanitária (ANVISA) em 1999 para o tratamento de pacientes com câncer de mama metastático HER2-positivo. No entanto, levou quase uma década para que o trastuzumabe fosse incorporado ao SUS.

Em 2008, o Ministério da Saúde incluiu o trastuzumabe no Programa de Medicamentos Excepcionais, que fornecia medicamentos de alto custo para doenças raras e condições específicas. No entanto, o acesso ao medicamento permaneceu limitado devido a critérios de elegibilidade restritos e processos burocráticos. Muitos pacientes recorreram a ações judiciais individuais para obter acesso ao trastuzumabe, um fenômeno conhecido como "judicialização da saúde".

Somente em 2012, após uma recomendação da Comissão Nacional de Incorporação de Tecnologias no SUS (CONITEC), o trastuzumabe foi finalmente incorporado às diretrizes de tratamento do SUS para o câncer de mama HER2-positivo em estágios iniciais e avançados. Essa decisão seguiu-se a uma avaliação de tecnologias em saúde que considerou evidências clínicas, impacto orçamentário e negociações de preços com o fabricante.

No entanto, mesmo após a incorporação formal, a implementação do trastuzumabe no SUS enfrentou desafios. Disparidades regionais no acesso, infraestrutura inadequada para administração e monitoramento do tratamento e atrasos nos processos de licitação e aquisição contribuíram para o acesso desigual ao medicamento. Essas barreiras podem ter contribuído para resultados de saúde sub ótimos e mortalidade evitável entre pacientes com câncer de mama HER2-positivo.

A história do trastuzumabe no Brasil destaca os desafios na incorporação e acesso a medicamentos biológicos inovadores no sistema público de saúde. Desde então, outros medicamentos biológicos para o câncer de mama, como pertuzumabe e trastuzumabe-emtansina, também enfrentaram atrasos significativos entre a aprovação regulatória e a incorporação ao SUS.

Esses atrasos na incorporação de medicamentos biológicos para o câncer de mama no SUS podem ter contribuído para a perda de milhares de vidas de mulheres brasileiras. Estudos estimaram que a cada ano, cerca de 2.500 a 3.000 mulheres com câncer de mama HER2-positivo morrem no Brasil devido à falta de acesso ao trastuzumabe e outros medicamentos anti-HER2.

Reconhecendo esses desafios, o governo brasileiro tem tomado medidas para melhorar o acesso a medicamentos biológicos para o câncer de mama. Isso inclui a negociação de acordos de preços com fabricantes, o uso de Parcerias para o Desenvolvimento Produtivo (PDPs) para estimular a produção local de biossimilares e a alocação de recursos adicionais para a assistência oncológica.

No entanto, ainda há espaço para melhorias. Esforços contínuos são necessários para otimizar os processos de ATS e incorporação, garantir a implementação adequada e oportuna de medicamentos nos serviços de saúde, fortalecer a infraestrutura de assistência oncológica e abordar as disparidades regionais no acesso ao tratamento. Além disso, a colaboração entre o governo, a indústria, a academia e a sociedade civil é essencial para desenvolver soluções inovadoras e sustentáveis para melhorar o acesso a medicamentos biológicos para o câncer de mama no Brasil.

Em conclusão, a jornada do trastuzumabe no sistema de saúde brasileiro exemplifica os desafios e a importância do acesso oportuno a medicamentos biológicos para o câncer de mama. Embora progressos tenham sido feitos, é necessário um esforço contínuo e coordenado para garantir que todas as mulheres brasileiras com câncer de mama tenham acesso a tratamentos eficazes e inovadores, independentemente de sua situação socioeconômica ou localização geográfica. Abordar essas questões de acesso é fundamental para reduzir a mortalidade por câncer de mama e melhorar os resultados de saúde das pacientes no Brasil.

Parte V:
Vivendo com Câncer de Mama

Capítulo 9: Relatos Reais de Pacientes

Neste capítulo, exploraremos as experiências pessoais de três mulheres que enfrentaram o câncer de mama. Seus relatos sinceros e corajosos oferecem uma visão íntima do impacto do diagnóstico, dos desafios do tratamento e da vida após o câncer.

9.1 O Impacto do Diagnóstico

Maria, de 45 anos, mãe de dois filhos, recebeu o diagnóstico de câncer de mama em estágio inicial durante uma mamografia de rotina. "Quando o médico me disse que eu tinha câncer, senti como se o chão tivesse desaparecido sob meus pés", lembra ela. "Meu primeiro pensamento foi para meus filhos - como eu poderia deixá-los crescer sem uma mãe?"

O choque e o medo são reações comuns ao diagnóstico de câncer de mama. Muitas mulheres relatam sentimentos de descrença, ansiedade e incerteza sobre o futuro. "Eu me senti tão impotente", compartilha Ana, de 38 anos, que foi diagnosticada com câncer de mama em estágio avançado. "Era como se meu corpo tivesse me traído e eu não tivesse controle sobre meu próprio destino."

O impacto emocional do diagnóstico muitas vezes se estende à família e aos entes queridos. "Meu marido ficou devastado", diz Lúcia, de 52 anos, que recebeu o diagnóstico de câncer de mama em estágio II. "Nós dois choramos e nos abraçamos, temendo o que o futuro reservava."

Lidar com o choque inicial do diagnóstico é um processo individual. Algumas mulheres encontram conforto na fé, outras se voltam para a família e amigos em busca de apoio. Muitas também procuram informações sobre sua condição e opções de tratamento como uma forma de recuperar um senso de controle.

9.2 Desafios do Tratamento

Após o diagnóstico, as mulheres com câncer de mama enfrentam uma série de desafios relacionados ao tratamento. A cirurgia, quimioterapia, radioterapia e terapia hormonal podem ter efeitos físicos e emocionais significativos.

"A mastectomia foi a parte mais difícil para mim", compartilha Maria. "Eu me senti tão autoconsciente e menos feminina depois da cirurgia. Levou tempo para eu me acostumar com meu novo corpo."

Para muitas mulheres, a perda do cabelo devido à quimioterapia é um lembrete visível de sua batalha contra o câncer. "Quando meu cabelo começou a cair, eu chorava toda vez que tomava banho", lembra Ana. "Mas então eu decidi raspar a cabeça e usar isso como um símbolo de minha força e determinação."

Os tratamentos para o câncer de mama também podem causar fadiga, náusea, dor e mudanças cognitivas, conhecidas como "névoa cerebral". "Alguns dias, eu mal conseguia sair da cama", diz Lúcia. "A exaustão era avassaladora, tanto física quanto emocionalmente."

Além dos desafios físicos, muitas mulheres também enfrentam dificuldades práticas, como conciliar o tratamento com as responsabilidades de trabalho e família. O apoio de entes queridos, amigos e grupos de apoio pode ser inestimável durante esse tempo.

Carlos, um professor de 50 anos, enfrentou um diagnóstico raro de câncer de mama masculino. Inicialmente envergonhado e relutante em buscar ajuda, o apoio de sua esposa foi crucial para que ele superasse o estigma e iniciasse o tratamento.

Carlos passou por cirurgia e radioterapia, enfrentando desafios únicos como homem em um espaço predominantemente feminino de apoio ao câncer de mama.

Ele se tornou um defensor da conscientização sobre o câncer de mama masculino, falando abertamente sobre sua experiência para desmistificar a doença e encorajar outros homens a se cuidarem.

9.3 Vida Após o Câncer

Sobreviver ao câncer de mama é um marco significativo, mas também traz seus próprios desafios. Muitas mulheres relatam um medo persistente de recorrência, bem como efeitos a longo prazo do tratamento.

"Mesmo anos após o tratamento, eu ainda fico ansiosa antes de cada check-up", compartilha Maria. "É como se eu estivesse sempre esperando que a outra metade do sapato caísse."

Ana, que continua em tratamento para o câncer de mama metastático, enfrenta a incerteza de viver com uma doença crônica. "Eu aprendi a encontrar alegria e propósito em cada dia", diz ela. "Eu não sei quanto tempo me resta, então estou determinada a fazer cada momento valer a pena."

Para Lúcia, sobreviver ao câncer de mama trouxe uma nova perspectiva sobre a vida. "Passei a valorizar as pequenas coisas - um pôr do sol, o riso dos meus netos, um abraço de um ente querido", reflete ela. "O câncer me ensinou a não dar nada como certo."

Muitas sobreviventes do câncer de mama também encontram significado em advogar e apoiar outras mulheres que enfrentam a doença. Elas podem participar de grupos de apoio, arrecadar fundos para pesquisas ou compartilhar suas histórias para aumentar a conscientização.

Momento para reflexão

1-Quais são os medicamentos quimioterápicos usados atualmente no SUS como primeira opção no tratamento do Câncer de Mama?

O tratamento do câncer de mama no Sistema Único de Saúde (SUS) do Brasil é abrangente e segue protocolos clínicos e diretrizes terapêuticas atualizadas, visando oferecer o melhor cuidado possível aos pacientes. A escolha dos medicamentos quimioterápicos como adjuvante (após cirurgia) ou neoadjuvante (antes da cirurgia) depende de vários fatores, incluindo o estágio do câncer, a presença de receptores hormonais, a expressão de HER2, entre outros aspectos clínicos e patológicos do tumor.

Aqui estão alguns dos medicamentos quimioterápicos frequentemente utilizados no SUS para o tratamento do câncer de mama, considerando o uso adjuvante ou neo adjuvante:

1.**Ciclofosfamida**: Um agente alquilante que interfere com o DNA, impedindo a divisão celular. É comumente usado em combinação com outros quimioterápicos.

2.**Doxorrubicina (Adriamicina)**: Um antibiótico antitumoral que intercala entre pares de base no DNA, interferindo na síntese de DNA e RNA. É parte do regime AC (Adriamicina e Ciclofosfamida), frequentemente usado.

3.**Fluorouracil (5-FU)**: Um antimetabólito que interfere na síntese de DNA e RNA. É usado em combinação com outros medicamentos para aumentar a eficácia do tratamento.

4.**Docetaxel (Taxotere) e Paclitaxel (Taxol)**: São taxanos que promovem a montagem de microtúbulos, impedindo a desmontagem, o que inibe a divisão celular. Podem ser usados como parte do tratamento adjuvante ou neoadjuvante, especialmente em cânceres de mama HER2-negativos e em alguns casos de câncer de mama HER2-positivos.

5.**Trastuzumabe (Herceptin)**: Embora não seja um quimioterápico tradicional, mas sim um anticorpo monoclonal, é frequentemente utilizado em combinação com quimioterapia em cânceres de mama HER2-positivos, tanto no cenário adjuvante quanto neoadjuvante.

6.**Carboplatina e Cisplatina**: São agentes alquilantes do grupo dos compostos de platina, usados em alguns protocolos específicos, especialmente em casos selecionados de câncer de mama triplo-negativo.

A escolha do regime quimioterápico específico depende de uma avaliação cuidadosa do perfil do tumor e da saúde geral do paciente. Os médicos consideram fatores como a idade do paciente, a função dos órgãos, a presença de comorbidades, o subtipo molecular do câncer de mama, e se o tratamento é adjuvante ou neoadjuvante, para personalizar o plano de tratamento.

Além disso, o SUS está em constante atualização de suas listas de medicamentos disponíveis e protocolos de tratamento, incorporando novas evidências científicas e avanços tecnológicos para oferecer tratamentos eficazes e atualizados aos seus pacientes. Portanto, é importante consultar um profissional de saúde para obter informações específicas e atualizadas sobre o tratamento do câncer de mama.

2-Não obtendo os resultados esperados, existe a possibilidade de serem usados tratamentos mais modernos e possivelmente mais eficientes para tratar os cânceres de mama no SUS? Quais seriam estas opções?

Quando os tratamentos quimioterápicos convencionais não oferecem o resultado esperado no manejo do câncer de mama no contexto do Sistema Único de Saúde (SUS) do Brasil, existem sim alternativas mais modernas disponíveis ou em processo de incorporação, que podem ser consideradas. Essas opções são geralmente direcionadas a subtipos específicos de câncer de mama, como HER2-positivo ou câncer de mama triplo-negativo, e podem incluir terapias-alvo, imunoterapias e inibidores de ciclinas, entre outros. A disponibilidade desses tratamentos no SUS pode variar conforme atualizações nas políticas de saúde e incorporação de novas tecnologias.

Tratamentos Modernos para Câncer de Mama no SUS:

1.**Terapias-alvo para HER2-positivo:**

•**Trastuzumabe:** Já amplamente utilizado no SUS, é um anticorpo monoclonal que se liga ao receptor HER2, presente em cerca de 20% dos cânceres de mama, inibindo o crescimento do tumor.

•**Pertuzumabe:** Em combinação com trastuzumabe e quimioterapia, para o tratamento de pacientes com câncer de mama HER2-positivo metastático ou como tratamento neoadjuvante em estágios iniciais.

2.**Inibidores de Ciclinas:**

•**Palbociclibe, Ribociclibe e Abemaciclibe:** São inibidores de ciclinas CDK4/6, usados em combinação com terapia hormonal em câncer de mama avançado ou metastático receptor hormonal-positivo (HR+)/HER2-negativo. Estes medicamentos bloqueiam certas proteínas (CDK4/6) que promovem o crescimento das células cancerígenas.

3.**Inibidores de PARP para Câncer de Mama Triplo-Negativo:**

•**Olaparibe e Talazoparibe:** São indicados para pacientes com mutações germinativas BRCA1/2, oferecendo uma opção para câncer de mama triplo-negativo avançado. Esses medicamentos interferem na capacidade das células cancerígenas de reparar o DNA danificado, levando à morte celular.

4.**Imunoterapia:**

•**Atezolizumabe em combinação com quimioterapia (nab-paclitaxel)** para o tratamento de câncer de mama triplo-negativo metastático com expressão de PD-L1, marcando a primeira imunoterapia aprovada para câncer de mama no Brasil. A imunoterapia ajuda o sistema imunológico a reconhecer e combater as células cancerígenas.

Considerações Importantes:

•**Acesso e Cobertura:** A incorporação de novos tratamentos pelo SUS segue um processo criterioso que inclui análise de eficácia, segurança e custo-efetividade. Isso significa que, embora alguns tratamentos modernos estejam disponíveis, o acesso pode depender de critérios específicos, como o estágio do câncer e características moleculares do tumor.

•**Avaliação Individualizada:** A decisão sobre o tratamento mais adequado é sempre individualizada, considerando-se o tipo e estágio do câncer, características do tumor, condição clínica do paciente, e potenciais benefícios e riscos dos tratamentos.

O SUS está em constante evolução para incluir tratamentos inovadores em seu arsenal contra o câncer, embora o processo de incorporação de novas terapias possa ser gradual. Pacientes e familiares devem discutir todas as opções de tratamento disponíveis com a equipe médica para entender as melhores estratégias para cada caso específico.

3- Estes tratamentos já foram incorporados realmente ao SUS, ou estão esperando orgãos como o CONITEC darem o parecer final- para serem incorporados?

A incorporação de tratamentos no Sistema Único de Saúde (SUS) do Brasil é um processo que envolve avaliação técnica, econômica e clínica, geralmente conduzida pela Comissão Nacional de Incorporação de Tecnologias no SUS (CONITEC). Este processo é essencial para garantir que os novos tratamentos sejam não apenas eficazes e seguros, mas também custo-efetivos para o sistema público de saúde. A partir da minha última atualização, aqui está o status de alguns dos tratamentos mencionados, em relação à sua incorporação no SUS:

1. **Trastuzumabe**: Já incorporado ao SUS para o tratamento de câncer de mama HER2-positivo, tanto em contextos adjuvantes quanto metastáticos.
2. **Pertuzumabe**: A incorporação do pertuzumabe para o tratamento de pacientes com câncer de mama HER2-positivo metastático, em combinação com trastuzumabe e quimioterapia, foi aprovada pela CONITEC, ampliando as opções de tratamento para esta condição.
3. **Inibidores de Ciclinas (Palbociclibe, Ribociclibe, Abemaciclibe)**: Até a última atualização, estes medicamentos estavam em processo de avaliação pela CONITEC ou aguardando decisão final para sua incorporação no SUS. Eles representam uma classe promissora de tratamento para câncer de mama avançado ou metastático HR+/HER2-.
4. **Inibidores de PARP (Olaparibe, Talazoparibe)**: Esses medicamentos, importantes para pacientes com mutações BRCA e câncer de mama avançado, estavam em processo de avaliação pela CONITEC. A decisão de incorporá-los depende de análises detalhadas de sua eficácia, segurança e impacto econômico no sistema de saúde.
5. **Imunoterapia (Atezolizumabe)**: Atezolizumabe, em combinação com quimioterapia para o tratamento de câncer de mama triplo-negativo com expressão de PD-L1, representa uma nova frente de tratamento. Sua incorporação no SUS depende da avaliação da CONITEC, que considera diversos fatores, incluindo benefícios clínicos e custo-efetividade.

É importante notar que o processo de incorporação de novas tecnologias no SUS é dinâmico e sujeito a revisões periódicas. Assim, o status de incorporação de um determinado medicamento pode mudar à medida que novas evidências são apresentadas e avaliadas. Para informações atualizadas e específicas sobre a disponibilidade de tratamentos no SUS, recomenda-se consultar diretamente fontes oficiais do governo ou a equipe de saúde responsável pelo tratamento.

Capítulo 10: Estatísticas e Disparidades

10.1 Incidência e Mortalidade no Brasil e no Mundo

O câncer de mama é o tipo de câncer mais comumente diagnosticado e a principal causa de morte por câncer em mulheres em todo o mundo. De acordo com a Organização Mundial da Saúde (OMS), em 2022, houve mais de 2.295 milhões de novos casos de câncer de mama e mais de 665.683 mortes em todo mundo; em 2023 foram 2,3 milhões de novos casos com 685000 mortes (números estimados). Existe uma inconsistência de dados muito grande entre as organizações governamentais e não governamentais; usarei sempre dados do INCA, GLOBOCAN, IARC (Agência Internacional de Investigação sobre o Câncer).

No Brasil, o câncer de mama é o câncer mais incidente em mulheres, excluindo o câncer de pele não melanoma. Segundo o Instituto Nacional de Câncer (INCA), foram estimados 66.280 novos casos de câncer de mama no Brasil para cada ano do triênio 2020-2022; em 2023 tivemos 74.000 novos casos, valor este corresponde a novos casos no triênio, 2023-2025. Em 2019, o câncer de mama foi responsável por 18.295 mortes no país. Em 2021, aproximadamente 16.500 mortes por câncer de mama no Brasil, número este certamente subnotificado devido a pandemia de COVID em todo mundo. Em 2022 o Brasil teve 94.728 casos sendo o quinto país do mundo com mais casos de câncer de mama. No mundo o câncer de mama (2.296.840 casos, 11,6%) continua o segundo tipo de câncer de maior incidência, ficando atrás do câncer de pulmão (2.500.000, 12,4%) e na frente do câncer colorretal (9,6%), segundo dados do IARC de 2022.

No ano de 2022 tivemos 20.000.000 de novos casos de câncer com aproximadamente 10.000.000 de mortes. O câncer de pulmão liderou as estatísticas como principal causa de morte, sendo responsável por cerca de 1.817.469 mortes (18,7%); as próximas causas mais comuns de morte foram câncer colorretal 904.019 mortes (9,3%), câncer de fígado 758.725 (7,8%), mama 666.103 (6,8%), estômago 660.175 mortes (6,8%).

Embora as taxas de incidência de câncer de mama sejam geralmente mais altas em países desenvolvidos, as taxas de mortalidade são desproporcionalmente mais altas em países de baixa e média renda. Isso pode ser atribuído a fatores como diagnóstico tardio, acesso limitado a tratamentos e infraestrutura de saúde inadequada.

Países com maior incidência em câncer de mama no mundo, segundo dados do GLOBOCAN e IARC de 2022:

País	Total	País	Total
China	357.161	Itália	57.480
USA	274.375	Espanha	34.735
India	192.020	Filipinas	33.079
Brazil	94.728	Nigéria	32.278
Japão	91.916	Canadá	31.823
Rússia	78.839	México	31.043
Alemanha	74.016	Paquistão	30.682
Indonésia	66.271	Egito	26.845
França	65.659	Turquia	25.249
Inglaterra	58.756	Coreia	24.772

Países com maior índice de mortalidade em câncer de mama no mundo, segundo dados do GLOBOCAN e IARC de 2022:

País	Total	País	Total
India	98.337	Itália	15.455
China	74.986	França	14.739
USA	42.900	Inglaterra	12.122
Indonésia	22.598	Filipinas	11.857
Brasil	22.189	Vietnan	10.008
Rússia	22.115	Etiópia	9.626
Alemanha	20.601	Egito	9.596
Japão	17.638	Polônia	8.723
Nigéria	16.332	México	8.195
Paquistão	15.552	Tailândia	7.599

Disparidades Globais

Existe uma disparidade notável na incidência e mortalidade do câncer de mama entre países de alta e baixa renda. Em países de alta renda, a incidência é mais alta, mas as taxas de sobrevivência também são significativamente melhores, graças ao acesso a diagnósticos precoces e tratamentos eficazes. Por outro lado, em países de baixa renda, onde o acesso a serviços de saúde é limitado, uma porcentagem maior de mulheres é diagnosticada em estágios avançados da doença, resultando em taxas de mortalidade mais altas.

Situação no Brasil

No Brasil, o câncer de mama também representa o tipo de câncer mais comum entre as mulheres, excluindo-se os casos de câncer de pele não melanoma. As estimativas para os anos recentes sugerem que a incidência continua a crescer. O Sistema Único de Saúde (SUS) oferece programas de rastreamento, como a mamografia para mulheres entre 50 e 69 anos, visando a detecção precoce. Apesar desses esforços, ainda existem desafios significativos relacionados ao diagnóstico tardio e ao acesso ao tratamento, o que impacta as taxas de mortalidade.

Espera-se que a conscientização sobre o câncer de mama continue a aumentar, tanto no Brasil quanto globalmente. Campanhas de saúde pública e iniciativas de pesquisa estão se concentrando não apenas em melhorar as taxas de sobrevivência, mas também em entender as causas subjacentes das disparidades no acesso ao diagnóstico e tratamento. A tecnologia e a inovação em tratamentos médicos estão avançando, oferecendo esperança para melhores resultados a longo prazo.

O câncer de mama permanece uma prioridade de saúde pública mundial, com desafios contínuos relacionados à incidência, mortalidade e disparidades no acesso ao cuidado. Enquanto os dados específicos para os anos após 2020 são limitados nesta discussão, as tendências indicam a necessidade de esforços globais e locais contínuos para melhorar a prevenção, o diagnóstico precoce e o tratamento do câncer de mama. A luta contra o câncer de mama é complexa e requer uma abordagem multifacetada, envolvendo governos, organizações de saúde, comunidades e indivíduos.

Lembre-se, a informação é uma ferramenta poderosa na luta contra o câncer de mama. A conscientização e o acesso a cuidados de saúde de qualidade são fundamentais para melhorar as taxas de sobrevivência e reduzir as disparidades no Brasil e em todo o mundo.

10.2 Diferenças por Sexo, Raça e Condição Social

Embora o câncer de mama seja mais comumente associado a mulheres, homens também podem desenvolver a doença. No entanto, o câncer de mama masculino é raro, representando menos de 1% de todos os casos de câncer de mama. Homens com câncer de mama tendem a ser diagnosticados em estágios posteriores e têm resultados piores em comparação com as mulheres. Disparidades raciais e étnicas na incidência e mortalidade do câncer de mama também são evidentes. Nos Estados Unidos, por exemplo, mulheres negras têm taxas de mortalidade por câncer de mama 40% mais altas em comparação com mulheres brancas, apesar das taxas de incidência semelhantes. Essas disparidades podem ser atribuídas a uma combinação de fatores, incluindo acesso desigual a cuidados de saúde de qualidade, barreiras socioeconômicas e diferenças biológicas nos subtipos de câncer de mama.

A condição social também desempenha um papel significativo nos resultados do câncer de mama. Mulheres de baixa renda e com menor nível educacional têm maior probabilidade de serem diagnosticadas em estágios avançados e têm taxas de sobrevivência mais baixas em comparação com mulheres de status socioeconômico mais alto. Isso pode ser devido a barreiras no acesso a serviços de triagem, diagnóstico e tratamento, bem como a fatores de risco relacionados ao estilo de vida e ao ambiente.

Abordar essas disparidades requer uma abordagem multifacetada que englobe melhoria do acesso a cuidados de saúde de qualidade, iniciativas de educação e conscientização direcionadas, pesquisa sobre diferenças biológicas e determinantes sociais da saúde e políticas de saúde equitativas.

Em conclusão, as estatísticas e disparidades apresentadas neste capítulo destacam a natureza complexa e variada do ônus do câncer de mama. Embora tenham sido feitos progressos significativos na detecção, tratamento e sobrevivência do câncer de mama, temos um longo caminho pela frente para atingirmos o direito máximo de qualquer cidadão independente do local onde esteja localizado ou de sua condição socioeconômica.

A Declaração Universal dos Direitos Humanos, adotada pela Assembleia Geral das Nações Unidas em 1948, estabelece a base para os direitos humanos em todo o mundo, incluindo o direito à saúde. Embora a Declaração em si não especifique detalhadamente os direitos à saúde, o Artigo 25 é frequentemente interpretado como englobando esses direitos. Ele afirma:

Artigo 25

1.Toda pessoa tem direito a um padrão de vida adequado que assegure a si mesmo e a sua família saúde e bem-estar, incluindo alimentação, vestuário, habitação, cuidados médicos e os serviços sociais indispensáveis, e o direito à segurança em caso de desemprego, doença, invalidez, viuvez, velhice ou outros casos de perda dos meios de subsistência fora de seu controle.

2.A maternidade e a infância têm direito a cuidados e assistência especiais. Todas as crianças, nascidas dentro ou fora do matrimônio, gozarão da mesma proteção social.

Este artigo é fundamental para o entendimento do direito à saúde como um direito humano. Além disso, outros documentos internacionais, como o Pacto Internacional sobre Direitos Econômicos, Sociais e Culturais (PIDESC) de 1966, expandem esse conceito. O PIDESC, em seu Artigo 12, especificamente reconhece "o direito de toda pessoa ao mais alto padrão possível de saúde física e mental", e detalha medidas que os Estados Partes devem tomar para assegurar a plena realização desse direito, incluindo a prevenção, tratamento e controle de doenças epidêmicas, a criação de condições para assegurar assistência médica e serviços médicos a todos em caso de doença.

Esses documentos formam a base legal internacional que sustenta o direito à saúde, enfatizando a importância de acessibilidade, disponibilidade, aceitabilidade e qualidade dos serviços de saúde. Eles também destacam a responsabilidade dos governos em garantir o acesso não discriminatório aos cuidados de saúde, incluindo os mais modernos tratamentos e medicamentos, como um direito fundamental de todos os seres humanos.

Panorama Global de Combate ao Câncer de Mama

África do Sul

O câncer de mama na África do Sul é um problema de saúde pública significativo, refletindo tanto desafios globais quanto específicos do país em relação à prevenção, diagnóstico e tratamento. A abordagem da África do Sul ao câncer de mama é multifacetada, envolvendo esforços do governo, organizações não governamentais (ONGs), o setor de saúde privado e comunidades para combater a doença através de programas de rastreamento, tratamento e conscientização.

Abordagem

A África do Sul adota uma abordagem integrada para o manejo do câncer de mama, que inclui prevenção, rastreamento precoce, diagnóstico, tratamento e cuidados paliativos. O sistema de saúde do país é bifurcado em setores público e privado, com a maioria da população dependendo do setor público, que enfrenta desafios como recursos limitados e acesso desigual aos serviços de saúde. O governo sul-africano, em colaboração com várias ONGs, tem trabalhado para melhorar o acesso ao rastreamento do câncer de mama e ao tratamento em todo o país.

Incidência

O câncer de mama é o tipo mais comum de câncer entre as mulheres na África do Sul, com uma incidência significativa que reflete tendências globais. Segundo o Cancer Association of South Africa (CANSA), uma em cada 27 mulheres no país é diagnosticada com câncer de mama. A incidência varia entre diferentes grupos populacionais, com taxas mais altas observadas em comunidades urbanas e entre mulheres de ascendência europeia, embora esteja aumentando em todos os grupos demográficos.

Mortalidade

A mortalidade por câncer de mama na África do Sul permanece alta (4.533/2020 - OMS/GLOBOCAN/IARC), em parte devido ao diagnóstico tardio e ao acesso limitado a tratamentos eficazes, especialmente em áreas rurais e entre populações de baixa renda. A mortalidade também é influenciada por fatores socioeconômicos e pela prevalência de comorbidades, como HIV/AIDS, que podem complicar o tratamento do câncer de mama.

Programas de Rastreamento

Os programas de rastreamento do câncer de mama na África do Sul incluem mamografias e exames clínicos das mamas, embora o acesso a esses serviços seja desigual. O setor de saúde privado oferece rastreamento abrangente, mas é inacessível para a maioria da população. No setor público, esforços estão sendo feitos para expandir o acesso ao rastreamento, especialmente em áreas subatendidas, mas esses esforços são limitados por recursos. Programas de conscientização também são fundamentais para encorajar as mulheres a procurarem rastreamento precoce.

Desafios

Os principais desafios no combate ao câncer de mama na África do Sul incluem:

- **Diagnóstico Tardio**: Muitas mulheres são diagnosticadas em estágios avançados da doença, quando o tratamento é menos eficaz.
- **Acesso Desigual ao Tratamento**: Disparidades significativas no acesso ao tratamento entre diferentes segmentos da popu-

lação.

•**Recursos Limitados**: Falta de recursos financeiros e humanos para expandir programas de rastreamento e tratamento.

•**Estigma e Falta de Conscientização**: Estigma cultural em torno do câncer e falta de conscientização sobre a importância do rastreamento precoce.

Perspectivas Futuras

Para melhorar a resposta ao câncer de mama na África do Sul, são necessárias estratégias abrangentes que abordem os desafios existentes. Isso inclui:

•**Expansão do Acesso ao Rastreamento**: Ampliar o acesso ao rastreamento do câncer de mama em todo o país, especialmente em comunidades rurais e desfavorecidas.

•**Melhoria da Infraestrutura de Saúde**: Investir em infraestrutura de saúde para melhorar o diagnóstico e o tratamento do câncer de mama.

•**Educação e Conscientização**: Intensificar campanhas de educação pública para aumentar a conscientização sobre o câncer de mama e promover o rastreamento precoce.

•**Apoio à Pesquisa**: Fomentar a pesquisa sobre o câncer de mama na África do Sul para informar melhores práticas de tratamento e políticas de saúde pública.

A luta contra o câncer de mama na África do Sul é complexa, mas com esforços contínuos e colaboração entre o governo, o setor privado, ONGs e comunidades, é possível fazer progressos significativos na redução da incidência e mortalidade da doença.

Alemanha

O câncer de mama na Alemanha é uma questão de saúde pública significativa, refletindo tanto os desafios quanto os avanços observados em muitos países desenvolvidos. Com uma das taxas de incidência mais altas na Europa, a Alemanha tem implementado estratégias abrangentes para combater o câncer de mama, focando na detecção precoce, tratamento eficaz e pesquisa contínua. Este panorama detalhado explora a situação atual, os desafios enfrentados e as estratégias implementadas para lidar com o câncer de mama na Alemanha.

Incidência de Câncer de Mama na Alemanha

O câncer de mama é o tipo mais comum de câncer entre as mulheres na Alemanha, com aproximadamente 70.000 novos casos diagnosticados anualmente. A incidência de câncer de mama no país é uma das mais altas na Europa, uma tendência que é parcialmente atribuída a fatores de risco como estilos de vida, fatores genéticos e demográficos, incluindo uma proporção relativamente alta de mulheres na faixa etária de maior risco.

Mortalidade do Câncer de Mama na Alemanha

Apesar da alta incidência, a Alemanha tem visto uma diminuição gradual na mortalidade (18.842/2020 e 20.601/2022 - OMS/GLOBOCAN/IARC) por câncer de mama ao longo das últimas décadas. Isso é atribuído a melhorias no diagnóstico precoce e avanços no tratamento. A mortalidade por câncer de mama ainda representa uma preocupação significativa, mas os esforços contínuos em pesquisa, tratamento e políticas de saúde pública têm contribuído para melhorar os desfechos para as pacientes.

Desafios no Combate ao Câncer de Mama

•**Diagnóstico Precoce**: A Alemanha tem um programa nacional de rastreamento de câncer de mama que oferece mamografias regulares para mulheres entre 50 e 69 anos. No entanto, garantir a adesão de todas as mulheres elegíveis a esses programas e expandir o acesso a grupos de maior risco permanece um desafio.

•**Desigualdades no Acesso ao Tratamento**: Apesar de um sistema de saúde universal, existem desigualdades no acesso ao tratamento e na qualidade dos cuidados entre diferentes regiões e grupos socioeconômicos na Alemanha.

•**Custos do Cuidado de Saúde**: O financiamento do sistema de saúde e o custo dos tratamentos inovadores são desafios contínuos, exigindo equilíbrio entre a oferta de cuidados de alta qualidade e a sustentabilidade financeira do sistema de saúde.

Estratégias e Avanços

•**Programas de Rastreamento**: O programa nacional de rastreamento de câncer de mama é uma pedra angular das estratégias de saúde pública da Alemanha para combater o câncer de mama, visando a detecção precoce e a redução da mortalidade.

•**Pesquisa e Tratamento**: A Alemanha é líder em pesquisa sobre câncer de mama e no desenvolvimento de tratamentos inovadores, incluindo terapias direcionadas e imunoterapias. O país tem uma rede robusta de centros de câncer dedicados a oferecer cuidados especializados e a participar de pesquisas clínicas.

•**Educação e Conscientização**: Campanhas de saúde pública e iniciativas de organizações não governamentais são fundamentais para aumentar a conscientização sobre o câncer de mama, a importância da detecção precoce e a promoção de estilos de vida saudáveis.

A Alemanha enfrenta o desafio do câncer de mama com um compromisso contínuo com a detecção precoce, o tratamento avançado e a pesquisa inovadora. Embora a incidência de câncer de mama seja alta, a mortalidade tem diminuído, refletindo o sucesso das estratégias de saúde pública e dos avanços no tratamento. Continuar a melhorar o acesso ao rastreamento e ao tratamento para todas as mulheres, juntamente com o investimento contínuo em pesquisa, são prioridades para manter e melhorar os desfechos do câncer de mama na Alemanha. Através desses esforços, a Alemanha busca não apenas reduzir a incidência e a mortalidade do câncer de mama, mas também melhorar a qualidade de vida das mulheres afetadas pela doença.

Brasil

A luta contra o câncer de mama no Brasil é uma prioridade de saúde pública, dada a sua alta incidência e impacto na população feminina. O país tem adotado uma série de estratégias e políticas para enfrentar essa doença, desde a prevenção e diagnóstico precoce até o tratamento e cuidados paliativos. A seguir, é apresentada uma análise detalhada e atualizada sobre o câncer de mama no Brasil, abordando os aspectos solicitados.

Abordagem

O Brasil tem implementado uma abordagem integrada para combater o câncer de mama, que inclui políticas públicas focadas em prevenção, diagnóstico precoce, tratamento eficaz e cuidados paliativos. O Sistema Único de Saúde (SUS) é a espinha dorsal dessa abordagem, garantindo acesso gratuito a serviços de saúde relacionados ao câncer de mama para a população. Além disso, organizações governamentais e não governamentais, como o Instituto Nacional de Câncer (INCA) e a Federação Brasileira de Instituições Filantrópicas de Apoio à Saúde da Mama (FEMAMA), desempenham um papel crucial na conscientização, pesquisa e suporte aos pacientes.

Incidência

O câncer de mama é o tipo de câncer mais comum entre as mulheres no Brasil, excluindo-se os tumores de pele não melanoma. De acordo com o INCA, para o triênio 2020-2022, estavam estimados cerca de 66.280 novos casos de câncer de mama por ano no país, para o triênio 2023-2025 são estimados aproximadamente 74.000 novos casos. Observa-se uma maior incidência nas regiões Sul e Sudeste, refletindo possivelmente diferenças na exposição a fatores de risco e no acesso a serviços de saúde.

Mortalidade

Apesar dos avanços no diagnóstico e tratamento, o câncer de mama ainda é uma das principais causas de morte por câncer entre mulheres no Brasil. A mortalidade (20.759/2020 e 22.189/2022 - OMS/GLOBOCAN/IARC) tem mostrado uma tendência de estabilização nas últimas décadas, graças a melhorias no acesso ao diagnóstico precoce e tratamentos mais eficazes. No entanto, ainda existem desigualdades significativas que impactam esses desfechos.

Programas de Rastreamento

O Brasil implementa o rastreamento do câncer de mama principalmente por meio de mamografias, recomendadas pelo Ministério da Saúde para mulheres entre 50 e 69 anos, a cada dois anos. Existem desafios relacionados à cobertura e à adesão a esses programas, especialmente em regiões mais remotas e entre populações de baixa renda.

Desafios

Os principais desafios enfrentados pelo Brasil na luta contra o câncer de mama incluem:

- **Acesso ao Tratamento**: Desigualdades no acesso a serviços de saúde de qualidade e tratamentos avançados, especialmente em regiões menos desenvolvidas.
- **Diagnóstico Tardio**: Uma parcela significativa de casos é diagnosticada em estágios avançados, quando o tratamento é menos eficaz.
- **Limitações dos Sistemas de Saúde**: Recursos insuficientes

e distribuição desigual de serviços de saúde especializados.

Perspectivas Futuras

As perspectivas futuras para o manejo do câncer de mama no Brasil são promissoras, com várias iniciativas em andamento para superar os desafios existentes. Isso inclui a expansão dos programas de rastreamento, o investimento em tecnologias de diagnóstico e tratamento mais avançadas, e a implementação de políticas públicas que visam reduzir as desigualdades no acesso à saúde. Além disso, a educação e a conscientização sobre o câncer de mama continuam sendo áreas-chave de foco para melhorar a detecção precoce e os desfechos do tratamento.

O Brasil está comprometido em melhorar a prevenção, o diagnóstico e o tratamento do câncer de mama, enfrentando os desafios com políticas públicas robustas e colaboração entre o governo, o setor privado e organizações não governamentais. Com esses esforços contínuos, espera-se que o país faça progressos significativos na redução da incidência e mortalidade por câncer de mama nos próximos anos.

Coreia do Norte

Abordar a incidência e a mortalidade do câncer de mama na Coreia do Norte é desafiador devido à escassez de dados públicos disponíveis e à falta de transparência nas informações de saúde pública. O isolamento do país, combinado com as limitações em sua infraestrutura de saúde, dificulta a obtenção de estatísticas precisas e detalhadas sobre qualquer condição de saúde, incluindo o câncer de mama. No entanto, podemos inferir alguns aspectos com base em informações limitadas e comparações com países similares em termos de recursos e estrutura de saúde.

Sistema de Saúde na Coreia do Norte

A Coreia do Norte afirma ter um sistema de saúde universal e gratuito para todos os seus cidadãos. No entanto, relatórios de organizações internacionais e desertores sugerem que o sistema de saúde é gravemente subfinanciado e carece dos recursos necessários para fornecer cuidados de saúde adequados. Isso inclui uma escassez de medicamentos essenciais, equipamentos médicos obsoletos e instalações inadequadas, o que provavelmente afeta a capacidade do país de diagnosticar e tratar eficazmente o câncer de mama.

Incidência de Câncer de Mama

Embora não existam dados específicos disponíveis publicamente sobre a incidência de câncer de mama na Coreia do Norte, é razoável supor que a incidência possa estar aumentando, seguindo as tendências globais. Fatores como envelhecimento da população, estilos de vida e possivelmente até mudanças na dieta podem contribuir para um aumento na incidência de câncer de mama, como observado em outros países. No entanto, sem dados concretos, é difícil fazer afirmações precisas sobre a incidência atual de câncer de mama na Coreia do Norte.

Mortalidade do Câncer de Mama

A mortalidade por câncer de mama na Coreia do Norte é igualmente difícil de quantificar devido à falta de dados. No entanto, dadas as limitações do sistema de saúde, é provável que as taxas de mortalidade sejam mais altas do que em países com acesso mais amplo a diagnósticos precoces e tratamentos avançados.

A detecção tardia e a falta de tratamento adequado são problemas comuns em países com recursos limitados, levando a desfechos piores para as pessoas afetadas pelo câncer de mama.
Desafios no Combate ao Câncer de Mama

- **Acesso Limitado a Cuidados de Saúde**: A falta de recursos médicos, incluindo equipamentos de diagnóstico como mamógrafos, limita severamente a capacidade de diagnóstico precoce do câncer de mama.

- **Falta de Conscientização**: A falta de programas de educação em saúde pública pode resultar em uma baixa conscientização sobre o câncer de mama e a importância do diagnóstico precoce, o que pode levar a diagnósticos em estágios mais avançados da doença.
- **Escassez de Tratamentos**: A disponibilidade limitada de tratamentos oncológicos modernos e cuidados de suporte pode afetar negativamente os desfechos para pacientes com câncer de mama.

Considerações Finais

A situação do câncer de mama na Coreia do Norte destaca a importância do acesso a cuidados de saúde de qualidade, educação em saúde e recursos adequados para o diagnóstico e tratamento do câncer. Embora os detalhes específicos sobre a incidência e mortalidade do câncer de mama no país sejam escassos, é claro que melhorias significativas no sistema de saúde são necessárias para enfrentar eficazmente esta e outras condições de saúde. A cooperação internacional e o apoio podem desempenhar um papel crucial na melhoria dos cuidados de saúde na Coreia do Norte, beneficiando a população em termos de melhores desfechos de saúde e qualidade de vida.

Coreia do Sul

O câncer de mama na Coreia do Sul apresenta um panorama único, refletindo tanto os avanços significativos em saúde pública quanto os desafios específicos enfrentados pelo país no diagnóstico, tratamento e prevenção dessa doença. A incidência de câncer de mama tem aumentado na Coreia do Sul, uma tendência observada em muitos países asiáticos, enquanto a taxa de mortalidade tem visto melhorias devido a esforços concentrados em detecção precoce e avanços no tratamento.

Incidência de Câncer de Mama na Coreia do Sul

A Coreia do Sul tem experimentado um aumento contínuo na incidência de câncer de mama ao longo das últimas décadas. Este aumento pode ser atribuído a vários fatores, incluindo mudanças no estilo de vida e na dieta, urbanização, aumento da expectativa de vida e fatores reprodutivos, como idade tardia no primeiro parto e taxas mais baixas de amamentação. Além disso, a adoção de estilos de vida ocidentalizados também tem sido associada a um aumento nos casos de câncer de mama. A incidência de câncer de mama na Coreia do Sul é agora uma das mais altas entre os países asiáticos, com estimativas recentes indicando que é o câncer mais comum entre as mulheres sul-coreanas.

Mortalidade do Câncer de Mama na Coreia do Sul

Apesar do aumento na incidência, a Coreia do Sul tem registrado uma diminuição nas taxas de mortalidade(2.880/2020 - OMS/GLOBOCAN/IARC) por câncer de mama. Isso é em grande parte devido a melhorias significativas no diagnóstico precoce e no tratamento. A introdução de programas de rastreamento de câncer de mama e o acesso a cuidados de saúde de alta qualidade têm desempenhado um papel crucial nessa tendência positiva. A taxa de sobrevivência de cinco anos para o câncer de mama na Coreia do Sul é uma das mais altas do mundo, refletindo o sucesso dessas iniciativas.

Desafios no Combate ao Câncer de Mama

•**Diagnóstico Tardio em Grupos Específicos**: Apesar dos

avanços, ainda existem preocupações com o diagnóstico tardio, especialmente em grupos socioeconômicos mais baixos e em áreas rurais, onde o acesso a programas de rastreamento pode ser limitado.

•**Desigualdades no Acesso ao Tratamento**: Embora o sistema de saúde sul-coreano seja robusto, desigualdades no acesso ao tratamento de alta qualidade para câncer de mama persistem, influenciadas por fatores econômicos e geográficos.

•**Estilos de Vida e Fatores de Risco**: A adaptação a estilos de vida mais ocidentalizados tem levado a um aumento nos fatores de risco associados ao câncer de mama, como obesidade, consumo de álcool e sedentarismo.

Estratégias e Avanços

•**Programas de Rastreamento**: A Coreia do Sul implementou um programa nacional de rastreamento de câncer que oferece mamografias gratuitas para mulheres a partir dos 40 anos. Este programa tem sido fundamental para melhorar a detecção precoce do câncer de mama.

•**Inovação no Tratamento**: O país é líder em inovação médica e tecnológica, com hospitais e centros de pesquisa dedicados ao desenvolvimento de novas terapias para o câncer de mama, incluindo terapias direcionadas e imunoterapias.

•**Educação e Conscientização**: Campanhas de educação pública e iniciativas de organizações não governamentais têm como objetivo aumentar a conscientização sobre o câncer de mama, enfatizando a importância da detecção precoce e promovendo estilos de vida saudáveis.

O câncer de mama na Coreia do Sul é um exemplo de como a combinação de avanços tecnológicos, políticas de saúde pública eficazes e programas de rastreamento pode levar a melhorias significativas nas taxas de sobrevivência, apesar do aumento na incidência. No entanto, desafios relacionados ao diagnóstico tardio, desigualdades no acesso ao tratamento e mudanças nos estilos de vida requerem atenção contínua. A Coreia do Sul continua a investir em pesquisa, educação e infraestrutura de saúde para enfrentar esses desafios e melhorar ainda mais os desfechos para pacientes com câncer de mama.

Canadá

O Canadá tem uma abordagem proativa e sistemática no combate ao câncer de mama, refletida em suas políticas de saúde pública, programas de rastreamento e acesso a tratamentos avançados. A incidência e a mortalidade do câncer de mama no país são monitoradas de perto por organizações como a Canadian Cancer Society e a Statistics Canada, fornecendo dados valiosos para orientar as estratégias de saúde.

Incidência de Câncer de Mama no Canadá

O câncer de mama é o tipo mais comum de câncer diagnosticado entre as mulheres canadenses, excluindo os cânceres de pele não melanoma. De acordo com a Canadian Cancer Society, espera-se que uma em cada oito mulheres canadenses desenvolva câncer de mama durante sua vida e uma em cada 33 morra da doença. Essas estatísticas destacam a significativa carga de saúde pública representada pelo câncer de mama no Canadá.

A incidência de câncer de mama no Canadá tem mostrado tendências variadas ao longo dos anos. Houve um aumento nas taxas de incidência até o início dos anos 2000, seguido por uma estabilização e, em alguns casos, uma leve diminuição. Esse padrão pode ser atribuído a vários fatores, incluindo a melhoria dos programas de rastreamento, que levam à detecção precoce de cânceres em estágios iniciais, e mudanças na utilização da terapia de reposição hormonal (TRH) após estudos que ligaram a TRH a um risco aumentado de câncer de mama.

Mortalidade do Câncer de Mama no Canadá

A taxa de mortalidade(6.827-2022 - OMS/GLOBOCAN/IARC) por câncer de mama no Canadá tem diminuído constantemente desde os anos 1980, graças a avanços no diagnóstico precoce e melhorias no tratamento. Essa tendência de queda na mortalidade é um testemunho do sucesso dos programas de rastreamento do câncer de mama, como a mamografia, que tem permitido a detecção de cânceres em estágios mais tratáveis.

Além disso, o Canadá tem acesso a tratamentos de câncer de mama de ponta, incluindo cirurgia, radioterapia, quimioterapia, terapia hormonal e terapias direcionadas. A personalização do tratamento do câncer de mama, baseada em características específicas do tumor, também tem contribuído para melhores desfechos para as pacientes.

Programas de Rastreamento

O Canadá implementou programas de rastreamento do câncer de mama em todas as suas províncias e territórios. Esses programas visam mulheres de certas faixas etárias, geralmente entre 50 e 74 anos, oferecendo mamografias regulares. A frequência recomendada varia, mas muitos programas sugerem uma mamografia a cada dois anos. Além disso, mulheres com alto risco de câncer de mama, devido a fatores genéticos ou histórico familiar, têm acesso a rastreamentos mais frequentes e, em alguns casos, a métodos adicionais de diagnóstico, como a ressonância magnética (MRI).

Desafios e Perspectivas Futuras

Apesar dos avanços significativos, o câncer de mama continua a ser uma preocupação de saúde pública no Canadá, com desafios contínuos relacionados à igualdade de acesso aos programas de rastreamento e tratamento em comunidades remotas e entre populações vulneráveis. Além disso, há um esforço contínuo para melhorar as estratégias de prevenção do câncer de mama, incluindo a promoção de estilos de vida saudáveis e a pesquisa sobre fatores de risco modificáveis.

O Canadá também está na vanguarda da pesquisa sobre o câncer de mama, com estudos em andamento sobre novos tratamentos, terapias direcionadas e imunoterapias, bem como a compreensão dos fatores genéticos e moleculares que contribuem para o desenvolvimento do câncer de mama. Esses esforços de pesquisa prometem continuar a melhorar os desfechos para as pacientes com câncer de mama no Canadá.

Em resumo, o Canadá tem demonstrado progresso notável na redução da incidência e mortalidade do câncer de mama através de programas de rastreamento eficazes, acesso a tratamentos avançados e um compromisso contínuo com a pesquisa. No entanto, o país enfrenta desafios persistentes que exigem atenção contínua para garantir que todos os canadenses tenham acesso igual aos recursos de prevenção, diagnóstico e tratamento do câncer de mama.

França

O câncer de mama é a forma mais comum de câncer entre as mulheres na França, representando um desafio significativo para a saúde pública do país. A incidência e a mortalidade do câncer de mama na França refletem tanto os avanços quanto os desafios no diagnóstico precoce, tratamento e conscientização. Este panorama detalhado explora a situação atual, os desafios enfrentados e as estratégias implementadas para lidar com o câncer de mama na França.

Incidência de Câncer de Mama na França

A França tem uma das taxas mais altas de incidência de

câncer de mama na Europa. Dados recentes indicam que cerca de 58.000 mulheres são diagnosticadas com câncer de mama anualmente no país. A incidência tem aumentado ao longo do tempo, o que pode ser atribuído a uma combinação de fatores, incluindo o envelhecimento da população, mudanças nos fatores de risco relacionados ao estilo de vida, como dieta, consumo de álcool e sedentarismo, além de melhorias na detecção precoce através de programas de rastreamento.

Mortalidade do Câncer de Mama na França

Apesar da alta incidência, a França tem observado uma diminuição na mortalidade por câncer de mama ao longo das últimas décadas, graças a melhorias no diagnóstico precoce e avanços no tratamento. Atualmente, a taxa de sobrevivência de cinco anos para mulheres diagnosticadas com câncer de mama é uma das mais altas da Europa. No entanto, o câncer de mama ainda é responsável por cerca de 12.000 (2020), 14.739 (2022) mortes por ano na França(OMS/GLOBOCAN/IARC), destacando a necessidade contínua de avanços no tratamento e na detecção precoce.

Desafios no Combate ao Câncer de Mama

•**Desigualdades no Acesso ao Tratamento**: Apesar do sistema de saúde universal na França, existem desigualdades no acesso a cuidados de alta qualidade e tratamentos avançados para câncer de mama, influenciados por fatores socioeconômicos e geográficos.

•**Diagnóstico Tardio**: O diagnóstico tardio ainda é um problema, particularmente em comunidades desfavorecidas e entre mulheres mais jovens, que não estão incluídas nos programas de rastreamento padrão.

•**Estilos de Vida e Fatores de Risco**: Fatores de risco modificáveis, como obesidade, consumo de álcool e sedentarismo, continuam contribuindo para a incidência de câncer de mama, exigindo esforços contínuos de educação e prevenção.

Estratégias e Avanços

•**Programas de Rastreamento**: A França oferece um programa nacional de rastreamento de câncer de mama, proporcionando mamografias gratuitas para todas as mulheres entre 50 e 74 anos a cada dois anos. Este programa tem sido fundamental para melhorar a detecção precoce.

•**Tratamento e Pesquisa**: A França é reconhecida por sua excelência em pesquisa e tratamento do câncer de mama, com investimentos contínuos em novas terapias e tecnologias de tratamento. O acesso a tratamentos avançados, incluindo terapias direcionadas e imunoterapias, tem melhorado os desfechos para muitas mulheres.

•**Educação e Conscientização**: Campanhas de saúde pública e iniciativas de organizações não governamentais visam aumentar a conscientização sobre os fatores de risco do câncer de mama, a importância da detecção precoce e promover estilos de vida saudáveis.

O câncer de mama na França continua a ser uma prioridade de saúde pública, com esforços concentrados em melhorar a detecção precoce, o tratamento e a sobrevivência. Embora os desafios persistam, especialmente em relação às desigualdades no acesso ao cuidado e diagnóstico tardio em certos grupos, os avanços na pesquisa e no tratamento estão proporcionando esperança e melhorando os desfechos para muitas mulheres. A colaboração contínua entre o governo, o setor de saúde, organizações de pesquisa e a comunidade é essencial para continuar a avançar na luta contra o câncer de mama na França.

Índia

A Índia enfrenta desafios significativos na luta contra o câncer de mama, uma das principais causas de mortalidade entre mulheres no país. A abordagem para combater essa doença envolve uma combinação de estratégias de prevenção, diagnóstico precoce, tratamento eficaz e cuidados paliativos. A seguir, é apresentada uma análise detalhada e atualizada sobre o câncer de mama na Índia, abordando os aspectos solicitados.

Abordagem

A Índia adotou várias estratégias e políticas para combater o câncer de mama, com foco na prevenção, diagnóstico precoce, tratamento acessível e cuidados paliativos. O governo, através do Ministério da Saúde e Bem-Estar Familiar, implementou programas nacionais de controle do câncer, que incluem a criação de centros de oncologia regionais e a promoção de campanhas de conscientização. Organizações não governamentais (ONGs) e iniciativas privadas complementam esses esforços, oferecendo serviços de rastreamento, aconselhamento e apoio aos pacientes. A colaboração entre o setor público e privado é crucial para ampliar o alcance e a eficácia dessas iniciativas.

Incidência

O câncer de mama é o tipo de câncer mais comum entre as mulheres indianas. Segundo o Global Cancer Observatory (GLOBOCAN) 2020, 2022, a Índia registrou aproximadamente 179.790 e 192.020 novos casos de câncer de mama respectivamente, com 98.337 óbitos em 2022. A incidência varia significativamente entre as regiões urbanas e rurais, sendo mais alta nas áreas urbanas, o que reflete diferenças no estilo de vida, exposição a fatores de risco e acesso a serviços de saúde.

Mortalidade

A mortalidade por câncer de mama na Índia continua alta, com estimativas indicando cerca de 90.408 mortes em 2020. Apesar de alguns progressos na redução dessas taxas em áreas urbanas, graças a melhorias no acesso ao diagnóstico e tratamento, as taxas de mortalidade em áreas rurais permanecem preocupantes.

A detecção tardia é um dos principais fatores que influenciam esses desfechos.

Programas de Rastreamento

Os programas de rastreamento de câncer de mama na Índia enfrentam desafios significativos, incluindo cobertura limitada e falta de conscientização. O governo lançou o Programa Nacional de Controle do Câncer, que visa promover o rastreamento de câncer de mama, colo do útero e oral. No entanto, a eficácia desses programas é limitada pela falta de infraestrutura adequada e por barreiras culturais e socioeconômicas que impedem muitas mulheres de buscar rastreamento e tratamento.

Desafios

Os principais desafios na luta contra o câncer de mama na Índia incluem:

•**Acesso ao Tratamento**: Desigualdades significativas no acesso a cuidados de saúde de qualidade e tratamentos avançados.

•**Diagnóstico Tardio**: Grande parte dos casos é diagnosticada em estágios avançados, reduzindo as chances de tratamento bem-sucedido.

•**Limitações dos Sistemas de Saúde**: Recursos insuficientes e distribuição desigual de serviços de saúde especializados.

Perspectivas Futuras

As perspectivas futuras para o manejo do câncer de mama

na Índia são cautelosamente otimistas. Há um reconhecimento crescente da necessidade de melhorar o rastreamento, o diagnóstico precoce e o acesso ao tratamento. Iniciativas em andamento, como o aumento da capacidade dos centros de oncologia e a promoção de tecnologias de diagnóstico inovadoras, são passos positivos. Além disso, a crescente conscientização e a mobilização de recursos tanto do setor público quanto privado são essenciais para superar os desafios existentes e melhorar os desfechos para as mulheres indianas.

Inglaterra

O câncer de mama é a forma mais comum de câncer entre mulheres na Inglaterra, representando um desafio significativo para a saúde pública. A incidência e a mortalidade do câncer de mama no país são influenciadas por uma série de fatores, incluindo genética, estilo de vida e acesso a serviços de saúde. Este panorama detalhado explora a situação atual, os desafios enfrentados e as estratégias implementadas para lidar com o câncer de mama na Inglaterra.

Incidência de Câncer de Mama na Inglaterra

A Inglaterra tem uma das taxas mais altas de incidência de câncer de mama na Europa. Dados recentes indicam que cerca de 55.000 mulheres são diagnosticadas com câncer de mama a cada ano no Reino Unido, com a Inglaterra representando a maior proporção desses casos. A incidência tem aumentado ao longo do tempo, o que pode ser atribuído a uma combinação de fatores, incluindo o envelhecimento da população, mudanças nos fatores de risco relacionados ao estilo de vida, como dieta e consumo de álcool, e o uso generalizado de terapias de reposição hormonal. Além disso, melhorias na detecção precoce através de programas de rastreamento também contribuíram para um aumento na incidência registrada.

Mortalidade do Câncer de Mama na Inglaterra

Embora a incidência de câncer de mama esteja aumentando, a mortalidade(12.122/2022 - OMS/GLOBOCAN/IARC) tem diminuído consistentemente nas últimas décadas. Isso é em grande parte devido a melhorias no diagnóstico precoce e avanços no tratamento. Atualmente, estima-se que mais de 80% das mulheres diagnosticadas com câncer de mama na Inglaterra sobrevivem à doença por dez anos ou mais. No entanto, ainda há variações significativas nas taxas de sobrevivência entre diferentes regiões e grupos socioeconômicos, destacando a necessidade de abordar as desigualdades no acesso ao tratamento e cuidados.

Desafios no Combate ao Câncer de Mama

•**Desigualdades no Acesso ao Tratamento**: Apesar do sistema de saúde universal do NHS (National Health Service), existem desigualdades no acesso a cuidados de alta qualidade e tratamentos avançados para câncer de mama, influenciados por fatores socioeconômicos e geográficos.

•**Diagnóstico Tardio**: Embora os programas de rastreamento tenham melhorado a detecção precoce, o diagnóstico tardio ainda é um problema, particularmente em comunidades desfavorecidas e entre mulheres mais jovens, que não estão incluídas nos programas de rastreamento padrão.

•**Estilos de Vida e Fatores de Risco**: Fatores de risco modificáveis, como obesidade, consumo de álcool e sedentarismo, continuam contribuindo para a incidência de câncer de mama, exigindo esforços contínuos de educação e prevenção.

Estratégias e Avanços

•**Programas de Rastreamento**: O NHS oferece um programa de rastreamento de câncer de mama para todas as mulheres entre 50 e 70 anos na Inglaterra, com convites para mamografias a cada três anos. Esse programa tem sido fundamental para a detecção precoce.

•**Tratamento e Pesquisa**: A Inglaterra é líder em pesquisa sobre câncer de mama, com investimentos contínuos em novas terapias e tecnologias de tratamento. O acesso a tratamentos avançados, incluindo terapias direcionadas e imunoterapias, tem melhorado os desfechos para muitas mulheres.

•**Educação e Conscientização**: Campanhas de saúde pública e iniciativas de organizações não governamentais visam aumentar a conscientização sobre os fatores de risco do câncer de mama, a importância da detecção precoce e promover estilos de vida saudáveis.

O câncer de mama na Inglaterra continua a ser uma prioridade de saúde pública, com esforços concentrados em melhorar a detecção precoce, o tratamento e a sobrevivência. Embora os desafios persistam, especialmente em relação às desigualdades no acesso ao cuidado e diagnóstico tardio em certos grupos, os avanços na pesquisa e no tratamento estão proporcionando esperança e melhorando os desfechos para muitas mulheres. A colaboração contínua entre o governo, o setor de saúde, organizações de pesquisa e a comunidade é essencial para continuar a avançar na luta contra o câncer de mama na Inglaterra.

Itália

O câncer de mama na Itália representa uma importante questão de saúde pública, sendo o tipo de câncer mais comum entre as mulheres italianas. A incidência e a mortalidade do câncer de mama no país refletem tanto os desafios quanto os avanços no diagnóstico precoce, tratamento e conscientização. Este panorama detalhado explora a situação atual, os desafios enfrentados e as estratégias implementadas para lidar com o câncer de mama na Itália.

Incidência de Câncer de Mama na Itália

A Itália tem uma das taxas de incidência(57.488/2022 - OMS/GLOBOCAN/IARC) de câncer de mama mais altas na Europa, mas também uma das taxas de sobrevivência mais elevadas, graças a programas eficazes de rastreamento e avanços no tratamento. Segundo dados recentes, cerca de 55.000 mulheres são diagnosticadas com câncer de mama anualmente no país. A incidência tem aumentado ao longo dos anos, o que pode ser parcialmente atribuído ao envelhecimento da população, melhorias na detecção através de programas de rastreamento e mudanças nos fatores de risco, como estilos de vida.

Mortalidade do Câncer de Mama na Itália

Apesar da alta incidência, a Itália tem observado uma diminuição consistente na mortalidade(15.455/2022-OMS/GLOBOCAN/IARC) por câncer de mama ao longo das últimas décadas. Isso é atribuído a uma combinação de detecção precoce, através de programas nacionais de rastreamento, e avanços no tratamento. A taxa de mortalidade por câncer de mama na Itália é uma das mais baixas da Europa, refletindo o sucesso das políticas de saúde pública e dos avanços médicos no país.

Desafios no Combate ao Câncer de Mama

•**Desigualdades Regionais**: Apesar do sistema de saúde universal, existem desigualdades significativas no acesso a programas de rastreamento e tratamentos avançados entre as regiões do norte e do sul da Itália.

•**Acesso a Novos Tratamentos**: A rápida evolução dos tratamentos para câncer de mama significa que o acesso oportuno a terapias inovadoras é crucial. Garantir esse acesso em todo o sistema de saúde pode ser um desafio.

•**Conscientização**: Embora a conscientização sobre o câncer de mama tenha melhorado, ainda existem lacunas, especialmente em comunidades rurais ou menos favorecidas, onde a informação e o acesso ao rastreamento podem ser limitados.

Estratégias e Avanços

•**Programas de Rastreamento**: A Itália implementou um programa nacional de rastreamento do câncer de mama, oferecendo mamografias gratuitas para mulheres entre 50 e 69 anos a cada dois anos. Esse programa tem sido fundamental para melhorar a detecção precoce.

•**Tratamento e Pesquisa**: O país é reconhecido por sua excelência em pesquisa e tratamento do câncer de mama, com várias instituições e hospitais especializados liderando em inovação e terapias avançadas.

•**Educação e Conscientização**: Campanhas de saúde pública e iniciativas de organizações não governamentais são fundamentais para aumentar a conscientização sobre o câncer de mama, a importância da detecção precoce e promover estilos de vida saudáveis.

A Itália enfrenta o desafio do câncer de mama com um compromisso contínuo com a detecção precoce, tratamento avançado e pesquisa. A alta incidência de câncer de mama no país é contrabalançada por uma das taxas de sobrevivência mais altas na Europa, refletindo o sucesso das estratégias de saúde pública e dos avanços no tratamento. Continuar a melhorar o acesso ao rastreamento e ao tratamento em todas as regiões, juntamente com o investimento contínuo em pesquisa, são prioridades para manter e melhorar os desfechos do câncer de mama na Itália. Através desses esforços, a Itália busca não apenas reduzir a incidência e a mortalidade do câncer de mama, mas também melhorar a qualidade de vida das mulheres afetadas pela doença.

Israel

O câncer de mama em Israel é uma questão de saúde pública significativa, refletindo tanto desafios quanto avanços notáveis na detecção, tratamento e prevenção. Israel é reconhecido por sua pesquisa de ponta em oncologia e por implementar estratégias eficazes de saúde pública que visam reduzir a incidência e a mortalidade do câncer de mama. Este panorama detalhado explora a situação atual, os desafios enfrentados e as estratégias implementadas para lidar com o câncer de mama em Israel.

Incidência de Câncer de Mama em Israel

O câncer de mama é o tipo mais comum de câncer entre as mulheres em Israel, com milhares de novos casos diagnosticados anualmente(4.618/2022 - OMS/GLOBOCAN/IARC). A incidência de câncer de mama no país é comparável à de muitos países desenvolvidos e tem sido associada a vários fatores de risco, incluindo fatores genéticos, estilo de vida e exposição ambiental. Notavelmente, Israel tem uma alta prevalência de mutações genéticas BRCA1 e BRCA2, particularmente entre mulheres de ascendência judaica Ashkenazi, o que aumenta significativamente o risco de desenvolver câncer de mama.

Mortalidade do Câncer de Mama em Israel

Apesar da alta incidência, Israel tem uma das taxas de mortalidade(1.207/2022 - OMS/IARC/GLOBOCAN) por câncer de mama mais baixas internacionalmente, graças ao diagnóstico precoce, tratamentos avançados e uma abordagem proativa de saúde pública. A mortalidade por câncer de mama tem mostrado uma tendência de declínio ao longo dos anos, refletindo os esforços bem-sucedidos em melhorar os desfechos para as pacientes.

Desafios no Combate ao Câncer de Mama

•**Diagnóstico Precoce**: Israel investe significativamente em programas de rastreamento de câncer de mama, oferecendo mamografias regulares para mulheres em determinadas faixas etárias. No entanto, garantir que todas as mulheres elegíveis participem desses programas continua sendo um desafio.

•**Desigualdades no Acesso ao Tratamento**: Apesar do alto padrão geral de cuidados de saúde, podem existir variações no acesso ao tratamento e na qualidade dos cuidados entre diferentes grupos populacionais e regiões geográficas.

•**Custos do Cuidado de Saúde**: O sistema de saúde em Israel é altamente avançado, mas o financiamento e a gestão dos custos dos tratamentos inovadores são desafios contínuos.

Estratégias e Avanços

•**Programas de Rastreamento**: Israel tem um dos programas de rastreamento de câncer de mama mais eficazes do mundo, com altas taxas de participação. Esses programas são cruciais para a detecção precoce e têm contribuído significativamente para a redução da mortalidade.

•**Pesquisa e Tratamento**: Israel é líder mundial em pesquisa sobre câncer de mama e no desenvolvimento de novos tratamentos. O país tem acesso a terapias avançadas, incluindo terapias direcionadas e imunoterapias, que têm melhorado os desfechos para as pacientes.

•**Educação e Conscientização**: Campanhas de conscientização sobre o câncer de mama são frequentemente realizadas para aumentar o conhecimento sobre a doença e a importância da detecção precoce. Além disso, há um forte foco na pesquisa genética e no aconselhamento para mulheres com alto risco de câncer de mama devido a mutações genéticas.

Israel enfrenta o desafio do câncer de mama com uma abordagem multifacetada que inclui avanços na pesquisa, estratégias eficazes de detecção precoce e acesso a tratamentos inovadores. Embora a incidência de câncer de mama seja alta, a mortalidade tem diminuído, refletindo o sucesso das estratégias de combate à doença. Continuar a melhorar o acesso ao rastreamento e ao tratamento para todas as mulheres, juntamente com o investimento contínuo em pesquisa, são prioridades para manter e melhorar os desfechos do câncer de mama em Israel. Através desses esforços, Israel não apenas busca reduzir a incidência e a mortalidade do câncer de mama, mas também melhorar a qualidade de vida das mulheres afetadas pela doença.

Japão

O câncer de mama no Japão apresenta características únicas em termos de incidência, mortalidade e abordagens de tratamento, refletindo as particularidades socioculturais, genéticas e de saúde pública do país. Nas últimas décadas, o Japão testemunhou mudanças significativas na incidência de câncer de mama, juntamente com esforços contínuos para melhorar os desfechos para as pacientes. Este panorama detalhado explora a situação atual, os desafios enfrentados e as estratégias implementadas para combater o câncer de mama no Japão.

Incidência de Câncer de Mama no Japão

O Japão tem experimentado um aumento na incidência(91.916/2022 - OMS/GLOBOCAN?IARC) de câncer de mama ao longo dos anos, tornando-se o tipo de câncer mais comum entre as mulheres japonesas. Esse aumento pode ser atribuído a vários fatores, incluindo mudanças no estilo de vida, como dietas ocidentalizadas, redução nas taxas de natalidade, idade avançada no primeiro parto e menor prevalência de amamentação. Além disso, a maior longevidade da população japonesa também contribui para uma maior incidência de câncer de mama, visto que o risco aumenta com a idade.

Mortalidade do Câncer de Mama no Japão

Apesar do aumento na incidência, a taxa de mortalidade por câncer de mama no Japão tem se estabilizado(17.638/2022 - OMS/GLOBOCAN/IARC) e, em alguns casos, diminuído, graças a melhorias no diagnóstico precoce e avanços no tratamento. A introdução de programas de rastreamento de câncer de mama e a ampla adoção de terapias avançadas têm desempenhado um papel crucial na redução da mortalidade. No entanto, ainda existem desafios a serem enfrentados para diminuir ainda mais essas taxas, especialmente em áreas rurais onde o acesso a serviços de saúde pode ser limitado.

Desafios no Combate ao Câncer de Mama

•**Diagnóstico Precoce**: Embora tenha havido progresso no rastreamento do câncer de mama, a participação nos programas de rastreamento ainda é subótima em algumas regiões, resultando em diagnósticos em estágios mais avançados da doença.

•**Desigualdades no Acesso ao Tratamento**: Acesso desigual a tratamentos avançados e a centros de saúde especializados pode afetar os desfechos para pacientes fora dos grandes centros urbanos.

•**Conscientização e Estigma**: Questões culturais e estigma associado ao câncer podem levar a um atraso na busca por diagnóstico e tratamento.

Estratégias e Avanços

•**Programas de Rastreamento**: O Japão implementou programas nacionais de rastreamento de câncer de mama, incentivando as mulheres a realizar mamografias regulares. Esses programas visam detectar o câncer em seus estágios iniciais, quando o tratamento é mais eficaz.

•**Avanços no Tratamento**: O país tem acesso a algumas das terapias mais avançadas para o câncer de mama, incluindo terapias direcionadas e imunoterapias, que têm melhorado significativamente os desfechos para as pacientes.

•Educação e Conscientização: Campanhas de educação pública e iniciativas de organizações sem fins lucrativos têm trabalhado para aumentar a conscientização sobre o câncer de mama e a importância do rastreamento precoce.

O câncer de mama no Japão é um desafio de saúde pública em evolução, com uma incidência crescente, mas com taxas de mortalidade que refletem os esforços bem-sucedidos em diagnóstico precoce e avanços no tratamento. Apesar dos progressos, ainda existem barreiras a serem superadas, incluindo a melhoria da participação nos programas de rastreamento e a garantia de acesso equitativo ao tratamento em todo o país. Através da continuação dos esforços em pesquisa, educação e políticas de saúde pública, o Japão busca melhorar ainda mais os desfechos para as mulheres diagnosticadas com câncer de mama, visando reduzir tanto a incidência quanto a mortalidade associada a essa doença.

Paquistão

O câncer de mama no Paquistão é uma questão de saúde pública significativa, representando o tipo de câncer mais comum entre as mulheres no país. A incidência e a mortalidade associadas ao câncer de mama no Paquistão refletem desafios complexos, incluindo barreiras culturais, socioeconômicas e de acesso aos cuidados de saúde. Este panorama detalhado explora a situação atual, os desafios enfrentados e as estratégias implementadas para lidar com o câncer de mama no Paquistão.

Incidência de Câncer de Mama no Paquistão

O câncer de mama é o diagnóstico de câncer mais frequente entre as mulheres paquistanesas, com estimativas indicando que uma em cada nove mulheres no Paquistão desenvolverá câncer de mama em algum momento de suas vidas. A incidência (30.682/2022 - OMS/GLOBOCAN/IARC)tem aumentado ao longo dos anos, o que pode ser atribuído a uma combinação de fatores, incluindo aumento da expectativa de vida, mudanças nos estilos de vida e possivelmente uma maior conscientização e detecção precoce em algumas áreas urbanas. No entanto, a incidência real pode ser subestimada devido à subnotificação e à falta de sistemas de registro de câncer abrangentes em todo o país.

Mortalidade do Câncer de Mama no Paquistão

A mortalidade(15.552/2022 - OMS/GLOBOCAN/IARC) por câncer de mama no Paquistão é alarmantemente alta, em grande parte devido ao diagnóstico tardio. Muitas mulheres são diagnosticadas em estágios avançados da doença, quando as opções de tratamento são limitadas e menos eficazes, resultando em desfechos piores. A falta de programas de rastreamento organizados, a baixa conscientização sobre a doença e o acesso limitado a cuidados de saúde especializados contribuem para essa situação.

Desafios no Combate ao Câncer de Mama

•**Conscientização e Educação**: A conscientização sobre o câncer de mama é limitada, especialmente em áreas rurais. Muitas mulheres desconhecem os sintomas e a importância do diagnóstico precoce, o que leva a atrasos na busca por tratamento.

•**Acesso a Cuidados de Saúde**: O acesso a cuidados de saúde especializados é limitado, particularmente fora das grandes cidades. A falta de instalações de saúde equipadas, profissionais de saúde treinados em oncologia e tratamentos acessíveis são barreiras significativas.

•**Barreiras Culturais e Sociais**: Questões culturais e estigmas associados ao câncer de mama podem impedir as mulheres de procurar ajuda médica. Além disso, a dependência de decisões familiares e a priorização de recursos financeiros para os homens da família muitas vezes deixam as necessidades de saúde das mulheres em segundo plano.

•**Infraestrutura de Saúde Pública**: A falta de programas de rastreamento do câncer de mama e sistemas de registro de câncer abrangentes dificulta a coleta de dados precisos e o desenvolvimento de políticas de saúde pública eficazes.

Estratégias e Avanços

•**Programas de Conscientização**: Iniciativas governamentais e de ONGs têm como objetivo aumentar a conscientização sobre o câncer de mama, enfatizando a importância do autoexame e do diagnóstico precoce. Campanhas de mídia e programas educacionais em comunidades são essenciais para mudar percepções e comportamentos.

•**Melhoria do Acesso ao Tratamento**: Esforços estão sendo feitos para expandir o acesso a cuidados de saúde de qualidade, incluindo a criação de centros de câncer especializados e a formação de profissionais de saúde em oncologia.

•**Apoio Comunitário e de ONGs**: Organizações não governamentais desempenham um papel crucial no fornecimento de apoio, educação e, em alguns casos, assistência financeira para tratamento a mulheres afetadas pelo câncer de mama.

O câncer de mama no Paquistão é um desafio de saúde pública que exige uma resposta multifacetada, envolvendo melhorias na conscientização, acesso a cuidados de saúde e apoio comunitário. Embora existam desafios significativos, os esforços contínuos para melhorar a educação sobre saúde, a infraestrutura de saúde e o apoio às mulheres afetadas pela doença são passos cruciais na redução da incidência e mortalidade do câncer de mama no país. A colaboração entre o governo, ONGs, profissionais de saúde e comunidades é essencial para que as mulheres paquistanesas tenham uma chance de se aproximarem à uma igualdade tão distante no tratamento, não só do câncer de mama, mas de qualquer outra enfermidade.

Países Árabes

O câncer de mama nos países árabes representa um desafio de saúde pública crescente, refletindo uma complexidade de fatores que incluem variações genéticas, socioeconômicas, culturais e de acesso aos cuidados de saúde. A incidência e a mortalidade do câncer de mama nesses países têm características únicas quando comparadas com as de países ocidentais, devido a diferenças nos sistemas de saúde, na disponibilidade e na utilização de serviços de rastreamento, bem como em fatores de risco específicos da população.

Incidência de Câncer de Mama nos Países Árabes

A incidência de câncer de mama nos países árabes tem aumentado nos últimos anos, tornando-se o tipo de câncer mais comum entre as mulheres na maioria desses países. Esse aumento pode ser parcialmente atribuído à urbanização, mudanças no estilo de vida, aumento da expectativa de vida e, possivelmente, a uma maior conscientização e detecção precoce. No entanto, a incidência de câncer de mama nos países árabes ainda é menor quando comparada à de países ocidentais, o que pode refletir diferenças na detecção precoce e nos fatores de risco, bem como possíveis subnotificações.

Mortalidade do Câncer de Mama nos Países Árabes

A mortalidade por câncer de mama nos países árabes é relativamente alta em comparação com a incidência, o que sugere desafios no diagnóstico precoce e no acesso a tratamentos eficazes. A detecção tardia é um problema significativo, com muitas mulheres apresentando-se em estágios avançados da doença, quando as opções de tratamento são mais limitadas e menos eficazes. Isso é exacerbado por limitações nos programas de rastreamento do câncer de mama, falta de conscientização sobre a doença e tabus culturais que podem impedir as mulheres de procurar ajuda médica precocemente.

Desafios no Combate ao Câncer de Mama

•**Conscientização e Educação**: A falta de conscientização sobre o câncer de mama e a importância do rastreamento precoce são desafios significativos. Muitas mulheres nos países árabes não têm conhecimento suficiente sobre os sinais e sintomas do câncer de mama ou sobre a necessidade de rastreamento regular.

•**Acesso a Cuidados de Saúde**: A disponibilidade e a qualidade dos cuidados de saúde variam significativamente entre os países árabes, com algumas regiões enfrentando uma escassez de instalações e especialistas em câncer de mama.

•**Cultura e Estigma**: Em muitas sociedades árabes, existe um estigma associado ao câncer de mama, o que pode levar ao isolamento social das pacientes e relutância em procurar tratamento ou mesmo realizar exames de rastreamento.

Estratégias e Avanços

•**Programas de Rastreamento**: Alguns países árabes têm implementado programas de rastreamento do câncer de mama e campanhas de conscientização pública para encorajar as mulheres a realizar mamografias regulares. Essas iniciativas são cruciais para a detecção precoce e têm o potencial de melhorar significativamente os desfechos do câncer de mama.

•**Educação e Conscientização**: Campanhas educacionais visando tanto profissionais de saúde quanto o público em geral são essenciais para aumentar a conscientização sobre o câncer de mama, enfatizando a importância do diagnóstico precoce e desmistificando a doença.

•**Melhoria do Acesso ao Tratamento**: Investimentos em infraestrutura de saúde, formação de especialistas em câncer de mama e acesso a tratamentos modernos são fundamentais para melhorar os cuidados e reduzir a mortalidade por câncer de mama nos países árabes.

O câncer de mama nos países árabes é um problema de saúde pública em evolução, com desafios únicos e oportunidades para melhorias significativas nos cuidados de saúde. Aumentar a conscientização sobre o câncer de mama, melhorar o acesso ao rastreamento e ao tratamento, e abordar as barreiras culturais são passos cruciais para reduzir a incidência e a mortalidade por câncer de mama na região. Com esforços contínuos e colaboração internacional, é possível avançar na luta contra o câncer de mama nos países árabes, melhorando a qualidade de vida e os desfechos para as mulheres afetadas pela doença.

Portugal

O câncer de mama em Portugal representa um desafio significativo para a saúde pública, sendo o tipo de câncer mais comum entre as mulheres no país. A incidência e a mortalidade associadas a esta doença refletem uma complexa interação de fatores genéticos, ambientais, sociais e de acesso aos cuidados de saúde. Este texto detalha a situação atual, os desafios enfrentados e as estratégias implementadas para combater o câncer de mama em Portugal.

Incidência de Câncer de Mama em Portugal

Portugal, seguindo a tendência global, tem visto um aumento na incidência do câncer de mama ao longo dos anos. Estima-se que cerca de 6.000 novos casos de câncer de mama sejam diagnosticados anualmente no país(8.954/2022 - OMS/GLOBOCAN?IARC). Este aumento pode ser atribuído a vários fatores, incluindo o envelhecimento da população, melhorias na detecção através de programas de rastreamento, bem como mudanças nos estilos de vida e fatores de risco, como dieta, consumo de álcool, e menor taxa de natalidade e amamentação.

Mortalidade do Câncer de Mama em Portugal

Apesar do aumento na incidência, a mortalidade(2.211/2022 - OMS/GLOBOCAN/ARC) por câncer de mama em Portugal tem mostrado uma tendência de declínio nas últimas décadas, graças aos avanços no diagnóstico precoce e nas opções de tratamento. No entanto, o câncer de mama ainda é uma das principais causas de morte por câncer entre as mulheres no país, com cerca de 1.500(2020-OMS/GLOBOCAN/IARC) mulheres perdendo a vida para a doença a cada ano. A mortalidade varia regionalmente, refletindo desigualdades no acesso aos cuidados de saúde e nas taxas de participação em programas de rastreamento.

Desafios no Combate ao Câncer de Mama

•**Desigualdades no Acesso ao Cuidado**: Apesar do sistema de saúde universal em Portugal, existem desigualdades significativas no acesso a cuidados de saúde de qualidade e tratamentos avançados para o câncer de mama, especialmente entre regiões urbanas e rurais.

•**Diagnóstico Tardio**: O diagnóstico tardio ainda é um problema, com uma proporção significativa de mulheres sendo diagnosticadas em estágios avançados da doença, onde as opções de tratamento são mais limitadas e menos eficazes.

•**Estilos de Vida e Fatores de Risco**: A prevalência de fatores de risco modificáveis, como obesidade, consumo de álcool e sedentarismo, contribui para a incidência de câncer de mama, necessitando de esforços contínuos em educação para a saúde e prevenção.

Estratégias e Avanços

•**Programas de Rastreamento**: Portugal implementou um programa nacional de rastreamento de câncer de mama, oferecendo mamografias gratuitas a todas as mulheres entre 50 e 69 anos a cada dois anos. Este programa visa melhorar a detecção precoce e tem sido associado a uma melhoria nas taxas de sobrevivência.

•**Tratamento e Pesquisa**: O país tem feito avanços significativos no tratamento do câncer de mama, com acesso a terapias direcionadas e tratamentos inovadores. Além disso, a pesquisa em oncologia é uma área de foco, com estudos e ensaios clínicos em andamento para desenvolver abordagens de tratamento mais eficazes.

•**Educação e Conscientização**: Campanhas de saúde pública e iniciativas de organizações não governamentais têm como objetivo aumentar a conscientização sobre o câncer de mama, enfatizando a importância da detecção precoce e promovendo estilos de vida saudáveis para reduzir os fatores de risco.

O câncer de mama em Portugal é uma prioridade de saúde pública, com esforços contínuos para melhorar a detecção precoce, o tratamento e a sobrevivência. Embora os desafios persistam, especialmente em relação às desigualdades no acesso ao cuidado e ao diagnóstico tardio, os avanços na pesquisa e no tratamento estão proporcionando esperança para muitas mulheres. A colaboração entre o governo, o setor de saúde, organizações de pesquisa e a comunidade é crucial para avançar na luta contra o câncer de mama em Portugal, visando não apenas reduzir a incidência e a mortalidade, mas também melhorar a qualidade de vida das mulheres afetadas pela doença.

República Democrática do Congo

A República Democrática do Congo (RDC) enfrenta desafios únicos no que diz respeito ao câncer de mama, refletindo as complexidades de lidar com doenças crônicas em um contexto de recursos limitados, infraestrutura de saúde frágil e instabilidade política. A incidência e a mortalidade do câncer de mama na RDC são influenciadas por vários fatores, incluindo acesso limitado a cuidados de saúde, falta de programas de rastreamento abrangentes, diagnóstico tardio e barreiras culturais e socioeconômicas.

Incidência de Câncer de Mama na RDC

Dados específicos sobre a incidência(7.385/2022 - OMS/GLOBOCAN/IARC) de câncer de mama na República Democrática do Congo são limitados, devido à falta de sistemas de registro de câncer abrangentes e à dificuldade de acesso a cuidados de saúde em muitas partes do país. No entanto, estima-se que o câncer de mama seja um dos tipos de câncer mais comuns entre as mulheres na RDC, seguindo a tendência observada em muitos países de baixa e média renda, onde a incidência de câncer de mama está aumentando.

Fatores como o crescimento e o envelhecimento da população, mudanças nos estilos de vida e fatores reprodutivos (como idade tardia no primeiro parto e menor duração da amamentação) podem contribuir para o aumento da incidência de câncer de mama. Além disso, a falta de conscientização sobre o câncer de mama e a ausência de programas de rastreamento sistemático significam que muitas mulheres são diagnosticadas em estágios avançados da doença, quando as opções de tratamento são limitadas e menos eficazes.

Mortalidade do Câncer de Mama na RDC

A mortalidade(4.254/2022 - OMS/GLOBOCAN/IARC) por câncer de mama na República Democrática do Congo é alta, refletindo o diagnóstico tardio e o acesso limitado a tratamentos eficazes. Muitas pacientes com câncer de mama chegam aos centros de tratamento em estágios avançados da doença, o que reduz significativamente as chances de sobrevivência. A falta de infraestrutura de saúde, incluindo equipamentos de diagnóstico como mamógrafos, e a escassez de especialistas em oncologia exacerbam o problema.

Além disso, o custo do tratamento para o câncer de mama é proibitivo para muitas famílias na RDC, onde uma grande parte da população vive abaixo da linha da pobreza. A falta de seguro de saúde e programas de assistência financeira significa que muitas mulheres não conseguem arcar com o custo do tratamento, levando a desfechos piores.

Desafios e Estratégias

Os desafios enfrentados na luta contra o câncer de mama na República Democrática do Congo são significativos e exigem uma abordagem multifacetada. Estratégias potenciais para melhorar os desfechos incluem:

•**Melhoria do Acesso ao Diagnóstico e Tratamento**: Construção e equipamento de mais centros de saúde com capacidade para diagnosticar e tratar o câncer de mama, especialmente em áreas rurais.

•**Programas de Rastreamento e Conscientização**: Implementação de programas de rastreamento para detectar o câncer de mama em estágios iniciais e campanhas de educação pública para aumentar a conscientização sobre os sinais e sintomas do câncer de mama.

•**Formação de Profissionais de Saúde**: Treinamento de médicos, enfermeiros e outros profissionais de saúde em oncologia para melhorar a qualidade do cuidado.

•**Apoio Financeiro para Pacientes**: Desenvolvimento de programas de assistência financeira para ajudar as pacientes a arcar com o custo do tratamento.

O câncer de mama na República Democrática do Congo é um problema de saúde pública significativo, com altas taxas de incidência e mortalidade. Superar os desafios associados ao câncer de mama no país requer esforços concertados do governo, organizações internacionais, ONGs e a comunidade em geral. Melhorar o acesso ao diagnóstico e tratamento, juntamente com a educação e o apoio financeiro para as pacientes, são passos cruciais para reduzir a carga do câncer de mama na RDC.

Suíça

A Suíça adota uma abordagem abrangente para combater o câncer de mama, que inclui estratégias de prevenção, diagnóstico precoce, tratamento eficaz e cuidados paliativos. O sistema de saúde suíço, conhecido por sua alta qualidade e acessibilidade, desempenha um papel crucial nesse processo. Organizações governamentais, como o Escritório Federal de Saúde Pública (FOPH), juntamente com organizações não governamentais, trabalham em conjunto para promover programas de conscientização, rastreamento e pesquisa sobre o câncer de mama.

Incidência

A incidência(6.642/2022 - OMS/GLOBOCAN/IARC) de câncer de mama na Suíça é uma das mais altas da Europa. De acordo com o Swiss Cancer Registry, houve uma tendência de aumento na incidência de câncer de mama ao longo das últimas décadas, embora essa tendência tenha começado a estabilizar recentemente. A incidência varia regionalmente, com algumas diferenças observadas entre os cantões, o que pode refletir variações no estilo de vida, fatores genéticos e acesso a programas de rastreamento.

Mortalidade

A mortalidade(1.541/2022 - OMS/GLOBOCAN/IARC) por câncer de mama na Suíça tem diminuído ao longo dos anos, graças ao diagnóstico precoce e aos avanços no tratamento. A taxa de sobrevivência de cinco anos para o câncer de mama na Suíça é uma das mais altas do mundo, refletindo a eficácia dos tratamentos e a qualidade do sistema de saúde. No entanto, o câncer de mama continua sendo uma das principais causas de morte por câncer entre as mulheres suíças.

Programas de Rastreamento

A Suíça implementa programas de rastreamento de câncer de mama em todos os cantões, oferecendo mamografias gratuitas ou subsidiadas para mulheres dentro de faixas etárias específicas, geralmente entre 50 e 69 anos. Esses programas têm mostrado eficácia na detecção precoce do câncer de mama, contribuindo para a redução da mortalidade. No entanto, enfrentam desafios como a variação na participação entre os cantões e debates sobre a eficácia e os riscos da mamografia.

Desafios

Apesar do sistema de saúde de alta qualidade, a Suíça enfrenta desafios na luta contra o câncer de mama, incluindo:

•**Desigualdades de Saúde**: Diferenças no acesso ao rastreamento e tratamento entre regiões e grupos socioeconômicos.

•**Diagnóstico Tardio**: Apesar dos programas de rastreamento, alguns casos ainda são diagnosticados em estágios avançados.

•**Custos de Saúde**: O alto custo do sistema de saúde suíço pode ser uma barreira para alguns indivíduos, apesar do seguro de saúde obrigatório.

Perspectivas Futuras

As perspectivas futuras para o manejo do câncer de mama na Suíça são promissoras, com várias iniciativas em andamento para melhorar a prevenção, o diagnóstico e o tratamento. Isso inclui a pesquisa em novas tecnologias de diagnóstico, como a tomossíntese mamária, e tratamentos personalizados baseados em perfis genéticos. Além disso, há um foco contínuo na melhoria dos programas de rastreamento e na redução das desigualdades de saúde.

A Suíça continua a ser um líder mundial no tratamento e pesquisa do câncer de mama, com um compromisso contínuo de melhorar os desfechos para as pacientes. A colaboração entre o governo, o setor privado e organizações não governamentais será crucial para superar os desafios existentes e garantir que todas as mulheres suíças tenham acesso ao melhor cuidado possível.
Para dados e estatísticas atualizados, é recomendável consultar fontes como o Swiss Cancer Registry e o Escritório Federal de Saúde Pública (FOPH), que fornecem informações confiáveis e detalhadas sobre o câncer de mama na Suíça.

Suécia

A Suécia é reconhecida por seu sistema de saúde de alta qualidade e abordagem proativa no combate ao câncer de mama. O país adota uma estratégia integrada que engloba prevenção, diagnóstico precoce, tratamento eficaz e cuidados paliativos, com o apoio de organizações governamentais e não governamentais.

Abordagem

.Estratégias e Políticas: A Suécia implementa políticas nacionais de saúde que enfatizam a prevenção do câncer de mama através de estilos de vida saudáveis e campanhas de conscientização. O diagnóstico precoce e o acesso a tratamentos de alta qualidade são priorizados para melhorar os desfechos para as pacientes. O país também oferece cuidados paliativos abrangentes para garantir qualidade de vida às pacientes em estágios avançados da doença.

.Organizações Envolvidas: O sistema de saúde sueco, apoiado pelo governo, juntamente com organizações não governamentais, desempenha um papel crucial na implementação dessas estratégias. Instituições como o Cancerfonden (Sociedade Sueca do Câncer do Câncer) e o CancerRehabFonden ("Organização sem fins lucrativos de angariação de fundos que oferece reabilitação a pacientes com câncer) também contribuem significativamente para a pesquisa, apoio e reabilitação de pacientes com câncer.

Incidência

A incidência(7.452/2022 - OMS/GLOBOCAN/IARC) de câncer de mama na Suécia é uma das mais altas na Europa, refletindo tendências observadas em países desenvolvidos. Segundo o Cancerfonden, a incidência tem aumentado ao longo dos anos, o que pode ser parcialmente atribuído a melhorias nos programas de rastreamento que permitem a detecção de casos em estágios iniciais. No entanto, também há uma conscientização crescente sobre fatores de risco associados ao estilo de vida, como dieta e consumo de álcool.

Mortalidade

Apesar da alta incidência, a Suécia tem uma das taxas de mortalidade(1.535/2022 - OMS/IARC/GLOBOCAN) por câncer de mama mais baixas, graças ao diagnóstico precoce e ao acesso a tratamentos eficazes. As estatísticas mostram uma tendência de declínio na mortalidade, evidenciando o sucesso das estratégias de saúde implementadas no país.

Programas de Rastreamento

A Suécia possui um programa nacional de rastreamento de câncer de mama que oferece mamografias regulares gratuitas para mulheres entre 40 e 74 anos. Este programa é creditado por sua alta taxa de participação e eficácia na detecção precoce do câncer de mama, contribuindo significativamente para a redução da mortalidade.

Desafios

Apesar dos avanços, a Suécia enfrenta desafios na luta contra o câncer de mama, incluindo:

•**Desigualdades de Saúde**: Diferenças no acesso ao rastreamento e tratamento entre regiões e grupos socioeconômicos.

•**Diagnóstico Tardio**: Embora menos frequente devido ao eficaz programa de rastreamento, ainda há casos de diagnóstico tardio, especialmente em mulheres mais jovens que estão fora da faixa etária do programa de rastreamento.

•**Limitações dos Sistemas de Saúde**: Como em muitos países desenvolvidos, o sistema de saúde enfrenta desafios relacionados à sustentabilidade financeira e à necessidade de adaptar-se a novas tecnologias e tratamentos.

Perspectivas Futuras

As perspectivas futuras para o manejo do câncer de mama na Suécia são promissoras. O país continua a investir em pesquisa e desenvolvimento de novas tecnologias de diagnóstico e tratamento. Iniciativas para personalizar o tratamento do câncer de mama, levando em consideração as características genéticas individuais das pacientes, estão em andamento. Além disso, há um esforço contínuo para melhorar o acesso ao rastreamento e tratamento em todo o país, visando reduzir ainda mais as desigualdades de saúde.

A Suécia está comprometida em manter sua posição como líder mundial no tratamento e pesquisa do câncer de mama, com foco na melhoria contínua dos cuidados ao paciente e na redução da incidência e mortalidade por câncer de mama.

Para informações atualizadas e confiáveis, contamos com fontes como o Cancerfonden e o Swedish National Board of Health and Welfare (Socialstyrelsen).

O Futuro da Prevenção e Tratamento do Câncer de Mama

À medida que olhamos para o futuro, é evidente que a prevenção e o tratamento do câncer de mama continuarão a evoluir e avançar. Impulsionados por descobertas científicas, inovações tecnológicas e uma compreensão cada vez maior da biologia do câncer, estamos no limiar de uma nova era na batalha contra essa doença complexa e multifacetada.

Um dos desenvolvimentos mais promissores no horizonte é a crescente ênfase na medicina personalizada ou de precisão. Essa abordagem envolve a adaptação de estratégias de prevenção, diagnóstico e tratamento às características individuais de cada paciente, levando em consideração fatores como genética, estilo de vida e subtipo específico de câncer de mama. Ao entender as complexidades e nuances de cada caso, os médicos podem oferecer intervenções mais direcionadas e eficazes, minimizando os efeitos colaterais desnecessários e melhorando os resultados.

Os avanços na genômica e na biologia molecular estão no cerne da medicina de precisão. A identificação de biomarcadores específicos, como mutações genéticas, perfis de expressão gênica e alterações epigenéticas, pode ajudar a estratificar pacientes em subgrupos com base em seu risco de desenvolver câncer de mama, prognóstico e probabilidade de responder a terapias específicas.

Essa abordagem já está sendo aplicada em certa medida, com testes como painéis genéticos para mutações BRCA1/2 e perfis de expressão gênica, como Oncotype DX e MammaPrint, sendo usados para orientar as decisões de tratamento. No futuro, é provável que vejamos um espectro ainda mais amplo de ferramentas moleculares sendo integradas à prática clínica, permitindo uma abordagem verdadeiramente personalizada para cada paciente.

Outra área de grande promessa é o campo da imunoterapia, que busca aproveitar o próprio sistema imunológico do corpo para combater o câncer. Embora a imunoterapia tenha demonstrado sucesso notável em certos tipos de câncer, como melanoma e câncer de pulmão, seu papel no tratamento do câncer de mama ainda está evoluindo. Pesquisas em andamento estão explorando várias estratégias imuno terapêuticas, incluindo inibidores de checkpoint, vacinas terapêuticas e terapias com células T adotivas.

À medida que nossa compreensão da interação complexa entre o sistema imunológico e o câncer de mama continua a se expandir, é provável que testemunhemos o desenvolvimento de abordagens imuno terapêuticas mais eficazes e direcionadas.

A prevenção do câncer de mama também está passando por uma transformação, com um foco crescente em abordagens personalizadas de redução de risco. Tradicionalmente, as estratégias de prevenção se concentraram em fatores de risco modificáveis na população em geral, como manutenção de um peso saudável, exercícios regulares e limitação do consumo de álcool.

Embora esses esforços continuem sendo importantes, há um reconhecimento crescente de que o risco de câncer de mama varia amplamente entre as pessoas, com base em uma intricada interação de fatores genéticos, ambientais e de estilo de vida.

No futuro, a prevenção do câncer de mama provavelmente envolverá uma avaliação mais sofisticada do risco individual, levando em consideração o histórico familiar, perfil genético, exposições ambientais e biomarcadores específicos. Essa informação poderia ser usada para desenvolver planos de prevenção personalizados, que podem incluir triagem mais frequente ou precoce, quimioprevenção direcionada ou até mesmo cirurgias profiláticas para aqueles com risco excepcionalmente alto. Ao adotar uma abordagem mais precisa e estratificada, podemos otimizar os esforços de prevenção e, em última análise, reduzir a incidência de câncer de mama na população.

Avanços na detecção precoce também têm o potencial de transformar os resultados do câncer de mama. Embora a mamografia permaneça o pilar dos programas de rastreamento populacional, suas limitações, particularmente em mulheres com tecido mamário denso, são bem reconhecidas. Pesquisas estão em andamento para desenvolver modalidades de imagem mais sensíveis e específicas, como tomossíntese digital da mama (mamografia 3D), imagem de mama por ressonância magnética abreviada e ultrassonografia automatizada da mama. Além disso, há um interesse crescente em biomarcadores de detecção precoce, como DNA tumoral circulante e vesículas extracelulares, que podem permitir a detecção de câncer de mama através de um simples exame de sangue. Embora essas tecnologias ainda estejam nos estágios iniciais de desenvolvimento, elas têm o potencial de revolucionar a forma como detectamos e diagnosticamos o câncer de mama, permitindo intervenção em um estágio mais tratável.

Olhando para o futuro do tratamento do câncer de mama, é provável que vejamos uma expansão contínua do arsenal terapêutico, com novos medicamentos direcionados, regimes de combinação e abordagens personalizadas. A crescente compreensão das vias moleculares que impulsionam o crescimento e a progressão do câncer de mama levou ao desenvolvimento de terapias direcionadas, como inibidores de CDK4/6, inibidores de PARP e conjugados anticorpo-medicamento. À medida que nossa compreensão da biologia do câncer de mama continua a evoluir, é provável que identifiquemos novos alvos terapêuticos e desenvolvamos terapias cada vez mais precisas e eficazes.

Além disso, a crescente apreciação da heterogeneidade do câncer de mama está moldando a forma como abordamos o tratamento. Está se tornando cada vez mais claro que o câncer de mama não é uma única doença, mas sim um espectro de doenças com características biológicas e clínicas distintas. Ao estratificar pacientes com base em subtipos moleculares, como luminal A, luminal B, HER2-enriquecido e triplo-negativo, os médicos podem adaptar as estratégias de tratamento de acordo. No futuro, é provável que essa estratificação se torne ainda mais refinada, com regimes de tratamento personalizados com base no perfil molecular exclusivo de cada tumor.

Avanços na tecnologia também estão moldando o futuro do tratamento do câncer de mama. A inteligência artificial e o aprendizado de máquina têm o potencial de revolucionar o atendimento ao câncer, desde o diagnóstico até o tratamento e o monitoramento. Ao analisar grandes conjuntos de dados, incluindo imagens médicas, registros eletrônicos de saúde e dados genômicos, os algoritmos de IA podem ajudar a identificar padrões sutis e orientar a tomada de decisões clínicas. Esses sistemas podem auxiliar no diagnóstico precoce, prever a resposta ao tratamento, otimizar a seleção da terapia e até mesmo identificar pacientes com alto risco de recorrência. À medida que essas tecnologias amadurecem e são integradas à prática clínica, elas têm o potencial de melhorar muito a precisão, eficiência e personalização dos cuidados com o câncer de mama.

Apesar desses avanços empolgantes, é importante reconhecer que o futuro da prevenção e tratamento do câncer de mama não está isento de desafios. Questões de acesso e equidade permanecem preocupações prementes, com disparidades persistentes nos resultados do câncer de mama com base em raça, etnia, status socioeconômico e localização geográfica. Abordar essas disparidades exigirá um compromisso sustentado com a expansão do acesso a cuidados de alta qualidade, promoção da conscientização e educação e enfrentamento das desigualdades estruturais nos determinantes sociais da saúde.

Além disso, a crescente complexidade e o custo dos cuidados com o câncer de mama representam desafios significativos. À medida que as terapias se tornam mais personalizadas e direcionadas, o ônus financeiro para os pacientes e os sistemas de saúde provavelmente aumentará. Será necessário um esforço colaborativo entre formuladores de políticas, pagadores, profissionais de saúde e a indústria farmacêutica para desenvolver modelos de prestação de cuidados e mecanismos de reembolso que equilibrem a inovação com a sustentabilidade e a acessibilidade. Abordagens inovadoras, como modelos de pagamento baseados em valor e acordos de partilha de risco, podem ajudar a alinhar incentivos e garantir que terapias avançadas estejam disponíveis para aqueles que mais precisam delas.

Outro desafio é a tradução eficiente de descobertas de pesquisa em avanços clínicos. Embora a pesquisa básica e translacional esteja progredindo em um ritmo rápido, muitas vezes há uma lacuna significativa entre a descoberta científica e sua aplicação na prática clínica. Superar essa lacuna exigirá uma colaboração mais estreita entre pesquisadores, médicos e a indústria, bem como investimentos direcionados em ciência translacional e ensaios clínicos inovadores. Além disso, será necessário um foco contínuo no desenvolvimento de infraestrutura e capacidade para a pesquisa do câncer de mama, particularmente em ambientes com poucos recursos.

Finalmente, à medida que a prevenção e o tratamento do câncer de mama se tornam mais personalizados e baseados em dados, surgirão questões importantes relacionadas à privacidade, ética e equidade. À medida que coletamos e analisamos quantidades cada vez maiores de dados genômicos, clínicos e de estilo de vida, será crucial garantir que existam salvaguardas robustas para proteger a privacidade e a segurança dos pacientes. Além disso, à medida que as ferramentas de avaliação de risco e as intervenções direcionadas se tornam mais sofisticadas, devemos nos esforçar para garantir que elas sejam aplicadas de maneira justa e equitativa, sem exacerbar as disparidades existentes nos cuidados com o câncer de mama.

Apesar desses desafios, o futuro da prevenção e tratamento do câncer de mama é indiscutivelmente brilhante. Com os rápidos avanços na ciência básica, tecnologia e medicina de precisão, estamos no limiar de uma nova era de cuidados personalizados e direcionados que têm o potencial de transformar os resultados para pacientes com câncer de mama. No entanto, para realizar plenamente essa promessa, será necessário um compromisso sustentado com a pesquisa, colaboração, inovação e equidade.

Em última análise, o futuro da prevenção e tratamento do

câncer de mama será moldado pelos esforços incansáveis de pesquisadores, médicos, defensores e, o mais importante, dos próprios pacientes. É através de sua dedicação, resiliência e defesa incansável que continuaremos a fazer avanços contra essa doença complexa e desafiadora. Ao abraçar novas tecnologias, parcerias e abordagens de precisão, podemos vislumbrar um futuro em que o câncer de mama não seja mais uma sentença de morte, mas sim uma condição manejável e até mesmo prevenível. Embora o caminho à frente seja sem dúvida desafiador, é um caminho repleto de esperança, promessa e possibilidade ilimitada.

Glossário:

- Adenocarcinoma: Tipo de câncer que se forma em tecidos glandulares, como os ductos mamários.
- Adjuvante: Tratamento dado após a terapia principal para aumentar a eficácia do tratamento principal.
- Alopecia: Perda de cabelo, um efeito colateral comum da quimioterapia.
- Anastrozol: Medicamento usado para tratar câncer de mama em mulheres pós-menopausa.
- Angiogênese: Formação de novos vasos sanguíneos; alguns tratamentos de câncer visam bloquear este processo para cortar o suprimento de nutrientes ao tumor.
- Anticorpos monoclonais: Proteínas criadas em laboratório que podem se ligar a substâncias específicas no corpo, incluindo células cancerígenas.
- Aromatase: Enzima que ajuda a produzir estrogênio; inibidores de aromatase são usados para tratar certos tipos de câncer de mama.
- Axila: Área sob o braço onde os linfonodos são frequentemente examinados para verificar a disseminação do câncer de mama.
- Biópsia: Remoção de uma pequena quantidade de tecido para exame sob um microscópio.
- BRCA1, BRCA2: Genes que, quando mutados, aumentam significativamente o risco de câncer de mama e ovário.
- Câncer de mama inflamatório: Tipo raro e agressivo de câncer de mama que bloqueia os linfáticos na pele e tecido mamário, causando inchaço e vermelhidão.
- Carcinogênese: Processo pelo qual células normais se transformam em células cancerígenas.
- Carcinoma ductal in situ (CDIS): Forma não invasiva de câncer de mama que está confinada aos ductos mamários.
- Carcinoma lobular in situ (CLIS): Crescimento anormal

de células nos lóbulos da mama, considerado um marcador de risco para o câncer de mama.

- Células HER2-positivas: Células cancerígenas que têm uma grande quantidade da proteína HER2 na superfície, o que pode fazer o câncer crescer mais rapidamente.
- Células-tronco cancerígenas: Células dentro de um tumor que têm a capacidade de se auto-renovar e são responsáveis pela propagação do câncer.
- Ciclo celular: Processo pelo qual uma célula se divide para formar duas novas células; muitos tratamentos contra o câncer visam interromper este ciclo em células cancerígenas.
- Citotoxicidade: Capacidade de uma substância de matar células.
- Clínico geral: Médico que fornece cuidados primários e pode ajudar na detecção inicial do câncer de mama.
- Colágeno: Proteína estrutural no tecido conjuntivo; a remodelação do colágeno pode ocorrer em torno de tumores.
- Crioterapia: Tratamento que usa frio extremo para destruir tecido anormal ou células cancerígenas.
- Densidade mamária: Refere-se à quantidade de tecido fibroglandular em comparação com o tecido adiposo na mama; mamas densas podem aumentar o risco de câncer de mama.
- Desbridamento: Remoção cirúrgica de tecido morto, danificado ou infectado.
- Diagnóstico diferencial: Processo de diferenciação entre duas ou mais condições que compartilham sintomas semelhantes.
- Displasia: Crescimento anormal de células dentro de tecidos ou órgãos.
- Ductal: Relativo aos ductos mamários.
- Ecografia mamária: Uso de ondas sonoras de alta frequência para criar imagens dos tecidos internos da mama.
- Edema: Inchaço causado pelo acúmulo de líquido no corpo.
- Efeito colateral: Efeito indesejado de um medicamento ou

tratamento.

- Eletroquimioterapia: Técnica que usa pulsos elétricos para aumentar a absorção de quimioterapia pelas células cancerígenas.
- Endócrino: Relativo às glândulas que secretam hormônios diretamente na corrente sanguínea.
- Epidermoide: Relativo à epiderme, a camada mais externa da pele.
- Estadiamento: Processo de determinação da extensão do câncer no corpo.
- Estrogênio: Hormônio sexual feminino que pode promover o crescimento de alguns tipos de câncer de mama.
- Exame clínico da mama: Exame físico das mamas por um profissional de saúde para verificar anormalidades.
- Exérese: Remoção cirúrgica de parte de um órgão ou tecido.
- Fator de crescimento: Proteína que estimula o crescimento celular.
- Fator de necrose tumoral (FNT): Proteína envolvida na inflamação e na morte celular; pode ter um papel no tratamento do câncer.
- Fibroadenoma: Tumor benigno mais comum da mama.
- Gânglio linfático: Pequenas estruturas que filtram substâncias nocivas do corpo; podem ser locais de disseminação do câncer.
- Genômica: Estudo dos genomas de organismos, incluindo a análise de suas sequências de DNA e a função de seus genes.
- HER2: Gene que pode desempenhar um papel no desenvolvimento do câncer de mama; cânceres HER2-positivos podem crescer mais rapidamente.
- Hormonioterapia: Tratamento que adiciona, bloqueia ou remove hormônios para retardar ou parar o crescimento de células cancerígenas.
- Imunohistoquímica: Técnica usada para identificar células específicas ou proteínas em tecidos, usando anticorpos marcados.

- Imunoterapia: Tratamento que usa o sistema imunológico do corpo para combater o câncer.
- In situ: Câncer que não se espalhou para tecidos circundantes.
- Incidência: Número de novos casos de uma doença em uma população específica e período.
- Inibidor de CDK4/6: Classe de medicamentos que bloqueiam certas proteínas (CDK4 e CDK6) envolvidas na divisão celular, usados no tratamento de alguns tipos de câncer de mama.
- Inibidor de PARP: Medicamento que impede que as células cancerígenas reparem seu próprio DNA, levando-as à morte.
- Invasivo: Câncer que se espalhou para tecidos circundantes.
- Letrozol: Medicamento usado para tratar câncer de mama em mulheres pós-menopausa.
- Linfedema: Acúmulo de líquido que causa inchaço, geralmente no braço ou perna, após remoção ou dano aos linfonodos durante o tratamento do câncer.
- Lumpectomia: Cirurgia para remover o tumor e uma pequena margem de tecido saudável ao redor, preservando o resto da mama.
- Mamografia: Exame de imagem que usa raios X de baixa dose para examinar as mamas.
- Mastectomia: Cirurgia para remover uma ou ambas as mamas, parcial ou totalmente.
- Metástase: Espalhamento do câncer para outras partes do corpo.
- Microambiente tumoral: O ambiente ao redor de um tumor, incluindo células, vasos sanguíneos e moléculas sinalizadoras, que pode influenciar o crescimento e a disseminação do câncer.
- Mutação: Alteração no DNA de uma célula que pode levar ao câncer.
- Neoadjuvante: Tratamento dado como um primeiro passo

para encolher um tumor antes do tratamento principal.

- Oncogene: Gene que tem o potencial de transformar uma célula em uma célula cancerígena.
- Oncologista: Médico especializado no tratamento do câncer.
- Palpação: Exame físico em que o médico usa as mãos para sentir a presença de anormalidades.
- Patologia: Estudo das causas e efeitos das doenças, incluindo o exame de tecidos, células e órgãos.
- Peptídeo: Cadeia curta de aminoácidos.
- Permeabilidade vascular: Facilidade com que substâncias passam de vasos sanguíneos para tecidos.
- PET scan: Tipo de imagem que usa uma substância radioativa para procurar doenças no corpo.
- Placebo: Substância sem efeito terapêutico ativo usada como controle em testes de medicamentos.
- Prevalência: Número total de casos de uma doença em uma população específica em um determinado momento.
- Profilaxia: Ação tomada para prevenir uma doença.
- Prognóstico: Previsão do curso provável ou resultado de uma doença.
- Proliferação: Aumento rápido no número de células.
- Quimioterapia: Tratamento que usa drogas para parar o crescimento de células cancerígenas, seja matando as células ou impedindo-as de se dividir.
- Radioterapia: Tratamento que usa radiação de alta energia para matar células cancerígenas ou impedir que cresçam.
- Receptor de estrogênio: Proteína encontrada em algumas células cancerígenas de mama; a presença desses receptores pode influenciar o tratamento.
- Receptor de progesterona: Proteína encontrada em algumas células cancerígenas de mama; a presença desses receptores pode influenciar o tratamento.
- Recidiva: Retorno do câncer após um período de melhora.

- Remissão: Período em que o câncer está respondendo ao tratamento e está sob controle.
- Ressecção: Remoção cirúrgica de parte de um órgão ou estrutura.
- Ressonância magnética da mama: Exame de imagem que usa um campo magnético e ondas de rádio para criar imagens detalhadas das mamas.
- Sarcoma: Tipo de câncer que se origina nos ossos e nos tecidos moles, como músculos e vasos sanguíneos.
- Síndrome da veia cava superior: Condição causada pela compressão ou obstrução da veia cava superior, que pode ocorrer com certos tipos de câncer.
- Tamoxifeno: Medicamento usado para tratar e prevenir certos tipos de câncer de mama.
- Terapia alvo: Tratamento que visa especificamente as células cancerígenas sem afetar as células normais.
- Terapia de conversão: Tratamento destinado a converter câncer inoperável em operável.
- Terapia endócrina: Tratamento que interfere na produção ou ação de hormônios, usado em alguns tipos de câncer de mama.
- Trastuzumabe: Medicamento usado para tratar câncer de mama HER2-positivo.
- Tumor: Massa anormal de tecido. Pode ser benigno (não canceroso) ou maligno (canceroso).
- Ultrassonografia: Técnica de imagem que usa ondas sonoras para criar imagens do interior do corpo.
- Vacina terapêutica: Vacina projetada para tratar doenças, como o câncer, ao invés de preveni-las.
- VEGF: Fator de crescimento do endotélio vascular, uma proteína que promove o crescimento de novos vasos sanguíneos.
- Xenoenxerto: Transplante de tecido de uma espécie para outra; usado em pesquisa para estudar o câncer.

Referências:

Organização Mundial da Saúde (OMS): A OMS fornece informações abrangentes sobre a incidência, fatores de risco, prevenção e tratamento do câncer de mama em uma escala global. (https://www.who.int/pt/about)

Instituto Nacional de Câncer (INCA): No Brasil, o INCA é uma referência principal para estatísticas de câncer, diretrizes de tratamento e campanhas de conscientização sobre o câncer de mama.(https://www.inca.gov.br/publicacoes/livros/cancer-no-brasil-dados-dos-registros-de-base-populacional)

American Cancer Society (ACS): A ACS é uma fonte valiosa de informações sobre câncer de mama, incluindo estatísticas, pesquisa, tratamento e suporte para pacientes nos Estados Unidos.(https://www.cancer.org/)

Cancer Research UK: Esta organização fornece dados detalhados sobre câncer de mama no Reino Unido, incluindo pesquisas sobre causas, tratamentos e taxas de sobrevivência.(https://www.cancerresearchuk.org/)

Estudos e revisões publicados em periódicos científicos: Artigos e revisões em jornais como "The Lancet", "Journal of Clinical Oncology" e "Breast Cancer Research and Treatment" oferecem insights sobre os últimos avanços em pesquisa e tratamento do câncer de mama.(https://www.thelancet.com/)(https://bmjoncology.bmj.com/)(https://www.breastcancer.org/)

Global Cancer Observatory (GLOBOCAN): Uma iniciativa da Agência Internacional de Pesquisa sobre o Câncer (IARC) que fornece estimativas atuais de incidência, mortalidade e prevalência de câncer para vários tipos de câncer em todo o mundo.(https://gco.iarc.fr/en)

Centers for Disease Control and Prevention (CDC): O CDC oferece informações sobre prevenção, detecção precoce e tratamentos do câncer de mama, bem como estatísticas nos EUA. (https://www.cdc.gov/)

National Institutes of Health (NIH) e National Cancer Institute (NCI): Estas instituições dos EUA são centrais para a pesquisa do câncer, fornecendo informações abrangentes sobre biologia do câncer, diagnóstico e opções de tratamento.(https://www.nih.gov/about-nih/what-we-do/nih-almanac/national-cancer-institute-nci)

Publicações e diretrizes de sociedades profissionais, como a Sociedade Brasileira de Mastologia e a American Society of Clinical Oncology (ASCO), que oferecem diretrizes baseadas em evidências para o tratamento e manejo do câncer de mama.(https://sboc.org.br/)(https://www.asco.org/)

Organizações de apoio ao paciente, como a Susan G. Komen Foundation, que fornecem perspectivas valiosas sobre a experiência do paciente e suporte disponível. (https://www.komen.org/)

American Cancer Society. (2021). Breast Cancer Facts & Figures 2021-2022. Atlanta: American Cancer Society, Inc.

Harbeck, N., & Gnant, M. (2017). Breast cancer. The Lancet

Instituto Nacional de Câncer. (2021). Estimativa de incidência de câncer no Brasil.

Mukherjee, S. (2010). The Emperor of All Maladies: A Biography of Cancer.

National Comprehensive Cancer Network. (2021). NCCN Clinical Practice Guidelines in Oncology: Breast Cancer.

Sledge, G. W., Mamounas, E. P., Hortobagyi, G. N., Burstein, H. J., Goodwin, P. J., & Wolff, A. C. Past, present, and future challenges in breast cancer treatment. Journal of Clinical Oncology,

Waks, A. G., & Winer, E. P. Breast Cancer Treatment: A Review. JAMA

World Health Organization. (2021). Breast cancer. Retrieved from https://www.who.int/news-room/fact-sheets/detail/breast-cancer

Essas fontes representam um espectro de informações confiáveis e baseadas em evidências que formam a base para um entendimento abrangente do câncer de mama, suas implicações, tratamento e pesquisa atual.

www.ingramcontent.com/pod-product-compliance
Lightning Source LLC
LaVergne TN
LVHW091212150826
845672LV00005B/1328

* 9 7 8 6 5 0 1 0 3 0 4 9 4 *